JN063783

日本人が知っておくべき

自衛隊と国防のこと

高橋杉雄

辰巳出版

はじめに

日本は、世界的にも類を見ないほど厳しい安全保障環境におかれています。北朝鮮は、国民の経済的困難にもかかわらず、核・ミサイル開発を続けています。中国は、爆発的な経済成長を背景に軍事力の近代化を進め、世界第2位の経済力をバックボーンとした強大な軍備を持っています。ロシアも、隣国ウクライナに戦争を仕掛ける一方、極東方面でも頻繁に軍事演習を行ったり、中国との共同軍事活動を増やすなどして、軍事的な威嚇を続けています。

日本は長い間、世界最強の軍事力を持つ米国と同盟を結んでいることの利益を享受してきました。しかし、その米国の軍事的優位も揺らいできています。中国の海空戦力はすでに対米7割を超える水準に達しており、米国がその軍事力をヨーロッパや中東などに分散配置しなければならないことを考えると、アジアだけを見れば中国が軍事的に優位に立ちつつあります。

こうした厳しい安全保障環境の中、日本は防衛費を大幅に増額し、今後5年間で43兆円を支出することにしました。日本の防衛費は長く、GDPの1%内に留まってきました。ただそれは、世界第2位の経済力があってのことでもありました。現在の日本の経済力は世界第3位で、しかも第2位の中国との差は大きく開いています。極めて厳しい安全保障環境におかれている以上、日本がＧＤＰ比で見ても防衛費を増額しなければならないのはある意味で必然でもありました。

現在の日本の防衛政策の出発点は、第2次世界大戦における壊滅的な敗北です。その結果、旧帝国陸海軍は解体され、戦後、警察予備隊、保安隊を経て１９５４年に自衛隊が設立されます。文字通り「ゼロ」からスタートした自衛隊ですが、日本が経済大国へと成長していく中で着実に能力を整備し、１９８０年代には、東アジアのミリタリーバランスにおいて一定のプレゼンスを確保するようになりました。それから冷戦の終結、テロとの戦いへの協力、北朝鮮の核・ミサイル開発や東シナ海情勢の緊張といった安全保障環境の変化に対応してきましたが、２０２２年、防衛費を大幅に増額するとの前提のもとで、「戦略3文書」として国家安全保障戦略、国家防衛戦略、防衛力整備計画からなる新たな戦略が策定されたのです。

日本は民主主義国家です。民主主義とは何かを定義するのは実際にはとても難しいことですが、ひとつ言えることは、国民が選挙権と被選挙権の両方を持つことです。特に被選挙権を持つことで貴族のような統治階級が存在しなくなり、統治者と被統治者の区別がないことが民主主義の重要な特徴です。選挙をやることだけが民主主義ではないのです。

このような民主主義国家においては、有権者であり、納税者でもある国民は、政府が行う政策を評価し、監視した上で、支持するかしないかを決めていく義務と責任と権利があります。支持するならば、選挙で支持することになります。支持しないならば、選挙で反対するか、あるいは自ら選挙に出て自らが正しい政策を進めようとすることができるのが民主主義国家なのです。

ただし、支持するにせよしないにせよ、政策についての正しい知識が必要です。日本は、厳しい安全保障環境の中で防衛費を増やしていく決定をしたわけですが、この是非について考えていくのも、民主主義国家における国民が持つ権利であり、また責任でもあります。

日本の新たな戦略は、厳しさを増してくる安全保障環境に対応したものです。しかし、これで十分なのか、あるいは経済や外交などほかの政策手段との連携は十分に行われているのか、同盟国である米国との協力関係の現状と課題はどのようなものなのか、民主主義国家の国民として議論していかなければならない論点はいくつもあります。

ところが、日本においては、長く「軍事」がタブー視されてきたこともあり、防衛政策について議論するのに必要な知識が十分に共有されていないきらいがあります。本書では、こうした点を意識し、できるだけ専門用語を用いずに、現在の防衛問題を考える上で必要な知識について解説してみました。

日本は戦後長い間、平和を享受してきました。しかし平和は、何もしないで維持できるものではありません。安全保障におけるリスクとはどのようなもので、そのリスクをどのように管理していくのか、それらについて当事者意識を持って考え続けることが、平和を維持していく上で重要な意味を持つのです。

なお、本書に書かれていることはすべて筆者個人の見解であり、筆者の所属組織をいかなる意味でも代表するものではありません。

第3章

日本を守り抜く方法

第4章

第1章

日本を取り巻く「世界で最も厳しい」安全保障環境

知って
おくべき!

世界でも類を見ない厳しい現実 日本周辺の安全保障リスク

冒頭から「日本が危ない！」と叫んでも、多くの方はピンとこないでしょう。むしろ、「何を大袈裟な…」と思われてしまうかもしれません。2023年7月現在、世界はロシアとウクライナの戦争に注目しています。しかし、そこから遠く離れた**東アジア一帯も、単に今戦争が起こっていないというだけで、実は極めて厳しい安全保障環境下にある**のです。

まずは**東アジアにおける「軍事力のバランス」**について解説しましょう。東アジア情勢に関する主要プレイヤーとして挙げられるのは、日本、中国、韓国、北朝鮮、台湾、ロシア、そしてアメリカ。このうち、**中国、北朝鮮、ロシア、アメリカの４カ国が核兵器（核弾頭）を持っています**。ミサイルも、ロシアとアメリカは膨大な数を所有していますし、中国も2000発くらい保有してい

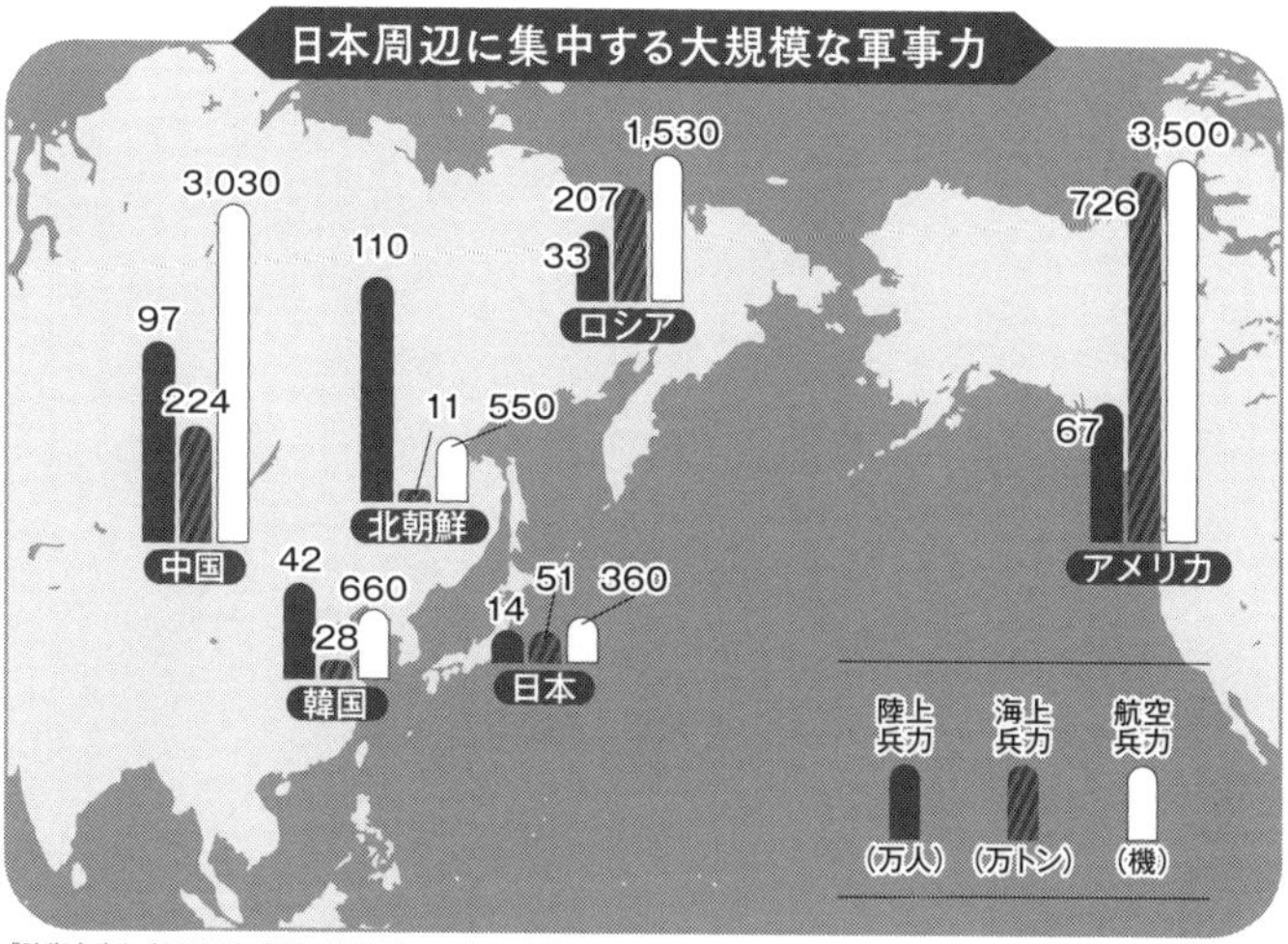

『防衛白書』（2022年度版・防衛省）のデータを基に作成

るといわれます。北朝鮮も２００発以上あると考えられていて、韓国は核兵器こそ保有していないものの、射程の短いミサイルは一説には１０００発を超えるといわれており、台湾も地上攻撃が可能な巡航ミサイルを備えています。

これまでミサイル問題と言えば長年にわたって中東のイランや南アジアのインド、パキスタンが注目されてきましたが、**現在は東アジアのミサイル密度が世界でも際立って高くなっている**のです。そこに日本は位置しているわけで、これだけでも「日本が危ない」という言葉にかなりの切迫感が感じられるのではないでしょうか。

日本周辺の安全保障環境

『防衛白書』（2022 年度版・防衛省）のデータを基に作成

ただ、軍事力はあくまで政治の道具です。東アジアの安全保障環境が厳しいのは、**軍事力のバランスだけではなく、紛争のきっかけになるかもしれない「政治的対立」が存在している**ことも理由です。

朝鮮半島では北朝鮮が核・ミサイル開発を進めるだけでなく、韓国との対立姿勢を強めていることもあり、**半島有事**は常に懸念されています。

台湾海峡を挟んだ**中国と台湾の対立**も、懸案事項のひとつです。いつ行動に移すかはともかく、中国は武力侵攻という選択肢をまったく捨てていません。さらに中国は、フィリピンのスカボロー礁（黄岩島）の実効支配のように、南シナ海での一方的な現状変更も進めています。既成事実を作るような島や岩の占拠と埋め立てで、軍事基地化を進めている状況です。

そしてこの中国は、日本とも対立しています。みなさんもご存知の**尖閣諸島問題**ですね。さらに、東シナ海では日中の**排他的経済水域（EEZ）**が画定されていないにもかかわらず、中国がガス田を設置しており、これも紛争要因となりえます。こうした**紛争要因がいくつもあるため、東アジアの安全保障が不安定**になっているのです。

東アジアの安全保障における日本の役割

このように厳しい東アジアのミリタリーバランスの中、日本は3つの要素から重要な役割を果たしています。その1つ目は、**日本に米軍がいくつもの拠点を展開している**ということです。

沖縄には極東最大の米空軍飛行場である嘉手納基地があり、同様に神奈川では最大の軍港である横須賀基地を米軍が使用しています。戦闘機の戦闘行動半径が大体飛行場から1000キロくらいと考えると、嘉手納基地から台湾と朝鮮半島には直接は届かないのですが、台湾有事に備える上では非常に優れた位置にあると言えます。

世界最強の米海軍も港がなければ力を発揮できません。北米大陸やハワイの軍港からアジアに展開するとなると大変です。横須賀に母港があること、そこに乗員の家族が住んでいて整備機能もあることが、東アジア圏におけるプレゼンスを米軍が維持する上で大きな役割を果たしているのです。

2つ目に、**地理的要素**があります。**台湾から九州に至る線上に、沖縄の島々が存在して列島線を形成している**ことで、相応の「能力」さえあれば、中国海軍の太平洋進出を物理的に阻止することが可能なのです。ウラジオストクの軍港を使用しているロシア海軍も、宗谷、津軽、対馬の3海峡を封鎖すれば外洋に出ていけなくなります。

つまり、日本列島全体がロシアや中国の頭を押さえる位置にあるわけです。

別のケースにも触れておきましょう。1950年からの朝鮮戦争が典型的な例ですが、北朝鮮が韓国に侵攻したとき、韓国は軍事力がほとんどない状態だったので、米軍が介入して韓国を防衛しました。日本は当時占領下でしたが、米軍の作戦を日本列島から支援しています。同様に**今後の東アジアの安全保障環境においても、日本列島の位置そのものが意味を持ってきます**。

3つ目に、**自衛隊が持つ防衛力の価値**を忘れてはなりません。日本列島がどれだけ地理的に好条件であっても、そこにパワーがなければただの岩の集まりです。その点で、自衛隊の防衛力は日本列島に戦略上の意味を持たせるのに十分な効果があります。

年間予算がGDP1%状態でずっと推移してきたため能力的に限界はありますが、十数年前までは世界第2位の経済大国だったわけですから、そのGDP1%と言えば、かなりのボリュームです。

当然、周辺国が何らかの軍事行動を起こそうとした場合には、自衛隊の能力を無視することはできず、絶対に計算に入れなければなりません。それだけで、

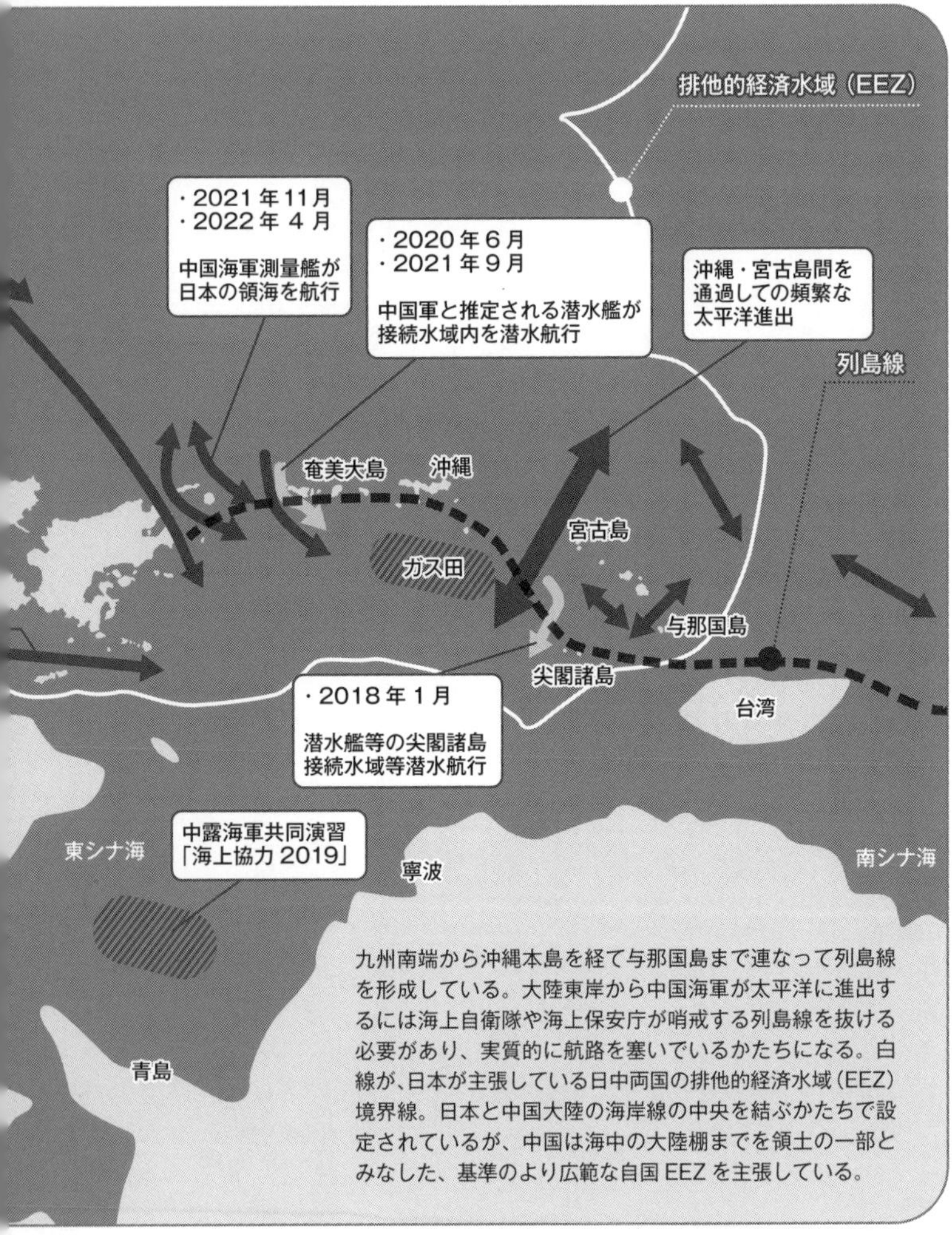

九州南端から沖縄本島を経て与那国島まで連なって列島線を形成している。大陸東岸から中国海軍が太平洋に進出するには海上自衛隊や海上保安庁が哨戒する列島線を抜ける必要があり、実質的に航路を塞いでいるかたちになる。白線が、日本が主張している日中両国の排他的経済水域（EEZ）境界線。日本と中国大陸の海岸線の中央を結ぶかたちで設定されているが、中国は海中の大陸棚までを領土の一部とみなした、基準のより広範な自国 EEZ を主張している。

『防衛白書』（2022年度版・防衛省）のデータを基に作成

※地図上の矢印は海上戦力
※場所・航跡などはイメージ、推定含む

東アジアのどこかで発生するかもしれない紛争を抑止することに一役買うのです。

と、ここまでは日本が東アジアで示すことができるアドバンテージについて解説しました。しかし近年、それらが損なわれかねない、**日本を含む東アジアの安全保障を脅かす事態が表面化**しつつあります。

アメリカの軍事的優位の消滅

ベトナム戦争以後のおおむね半世紀にわたり、大規模な国家間の軍事衝突は発生していません。そこで大きな役割を果たしてきたのが、**アメリカの軍事力**です。前述した日本が示せる各種アドバンテージも、米軍が東アジアに必要十分な戦力を展開できるという前提に立ってのものです。

ところが、その大前提が今、足下から崩れてきています。それについて詳しく触れていきましょう。

まず、**今のアメリカの通常戦力では、ヨーロッパとアジアで同時に紛争が起**

こっても対処しきれません。より具体的に言うと、ウクライナと台湾で同時に戦うためには足りず、確実に勝利するためには核兵器を使うことを考えなければならないといわれています。

とはいえ、いきなり核という最終手段を選択するわけにもいきませんから、結果的に満足な対処ができない可能性があるのです。

ミリタリーバランスのうち、戦闘機の数で比べてみましょう。第4世代戦闘機と第5世代戦闘機の数を単純に比較すると、中国は今、アメリカの95％くらいの数を保有しています。第5世代戦闘機の数はアメリカがかなり優勢ですが、第4世代戦闘機と合わせると数ではほぼ互角なのです。

空母はアメリカ優位ですが、ほかの主要戦闘艦艇の数でアメリカのおよそ7割弱。単純に断言し難いものはありますが、海空の総合戦力で中国はおおよそ対米7割を超えているのです。

ここで見落としてはいけないのが、この数字が米軍全体と比較したときのものということです。

中国による軍事力の広範かつ急速な変化

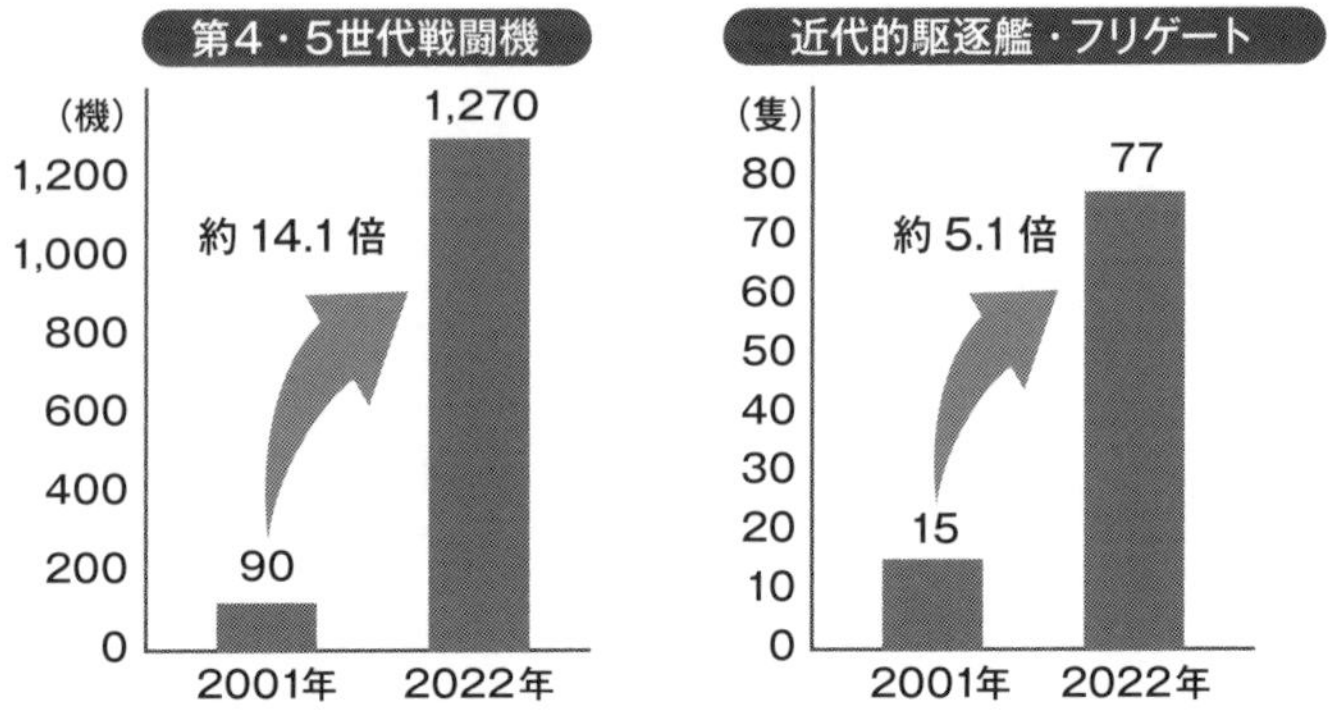

「防衛白書」（2022年度版・防衛省）のデータを基に作成

米軍がアジアに展開できるのは戦力全体を10としたうちの5くらいですから、実際には中国が対米7割強だとしたときに、実は10：7ではなくて、5：7の戦力比なのです。〝世界最強米軍〟というものは、すでに存在しないのです。

もちろん有事になれば、アメリカは世界中から援軍を呼び寄せて、戦力を10にしようとするでしょう。

しかし中国は、アメリカの残りの戦力5が来る前に戦争を終わらせればいいんだ、と考えるかもしれません。これは、真珠湾攻撃の前に日本軍が考えたロジックと通じるものがあります。

そこで意味を持ってくるのが、日本あるいはオーストラリアなどの同盟国です。5：7のときにアメリカ側の足りない2を日本が埋めることができれば7：7になりますから、中国も簡単には勝てないという計算になります。

ですから、**日本の今後の防衛力について、こうした観点での増強**が重要なポイントになります。この**大国間競争の渦中で中国を抑止するために日本がどれだけ頑張れるか**というのが、東アジアの安全保障の趨勢を占う上で非常に大きな要素になってくるのです。

その前提で2022年12月に「国家安全保障戦略」「国家防衛戦略」「防衛力整備計画」という戦略3文書が策定されたのです。

東アジアにおける日本の防衛費のシェア半減

左ページのグラフは、2000年と2020年の東アジア圏における国防予算比率をまとめたものです。

2000年では日本のシェアは38%、約4割あります。当時中国のシェアが36%で、中国より日本のほうがまだ多かった。さらに、その後ろ盾として当時の世界最強米軍がつくわけで、このときはまだ北朝鮮も核実験には着手していませんし、安全安心を享受できた時代でした。

それが2020年になってみると、日本のシェアは実に17%に落ちています。20年前の38%と比べて半分以下です。他方、中国のシェアは65%に急伸。この間、韓国は健闘していて11%だったものが13%に増えていますが、台湾にいたっては15%から5%に落ちています。

ここからわかるのは、**安全安心を支える物理的な要素が、この20年で半分に**

東アジアにおける防衛支出のシェアの変化

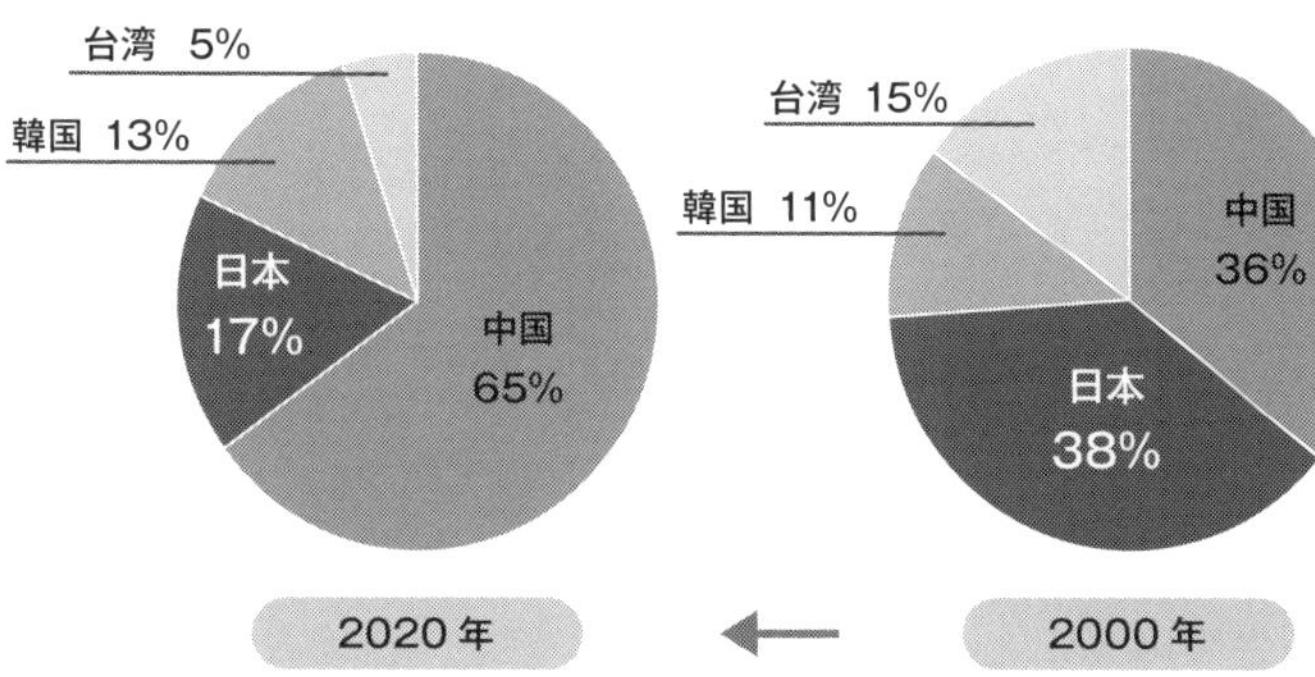

『ミリタリー・バランス』（2000/2001/2022年度版）のデータを基に作成

なっているということです。その中で日本の国防費としてGDP2%という話が出てきたのは、ある意味必然と言えるでしょう。予算を倍にしたからといって東アジアの国防費シェアが単純に17%から34%になるわけではありませんが、少なくとも2000年の38%に近づけていくには、ほんのちょっとではなく、大幅に増やしていく必要があるのです。

そもそも、GDP1%枠という言い方がされていましたが、枠として決まったものではありませんでした。単純に日本の財政事情が厳しいという理由で伸ばしてこなかっただけなのです。そうこうしているうちに中国がぐんと予算を伸ばしてきて、気づいたら中国とほぼ同等だったものが4分の1の比率になっていたのです。

これに対して、とにかくまずは「能力」を向上させて押し返さなければならない、バランスを取り戻さなければいけない、という趣旨で、2022年12月に戦略3文書が策定され、併せて今後5年間で43兆円を防衛費に充てることとし、できるだけGDP2%に近づけていくとしたわけです。

ここで、予算を増額したことで世界の上位に食い込むという議論を見かけますが、正しくありません。それは今2%になったらそうだというだけで、その間にほかの国も伸ばしていきますから、5年後にはインドのほうが上にいるでしょう。NATO諸国も伸ばしていきますから、5年後に日本が3位、4位となる可能性すら非常に低いでしょう。

それから、国防費1位のアメリカ、2位の中国と日本の差はかなり大きいことも忘れてはいけません。オリンピックのマラソンで金メダルが2時間00分、銀メダルの記録が2時間1分だとしたら、2時間15分の成績で銅メダルを取っ

アジア太平洋地域主要国の国防費のGDP比（2022年）

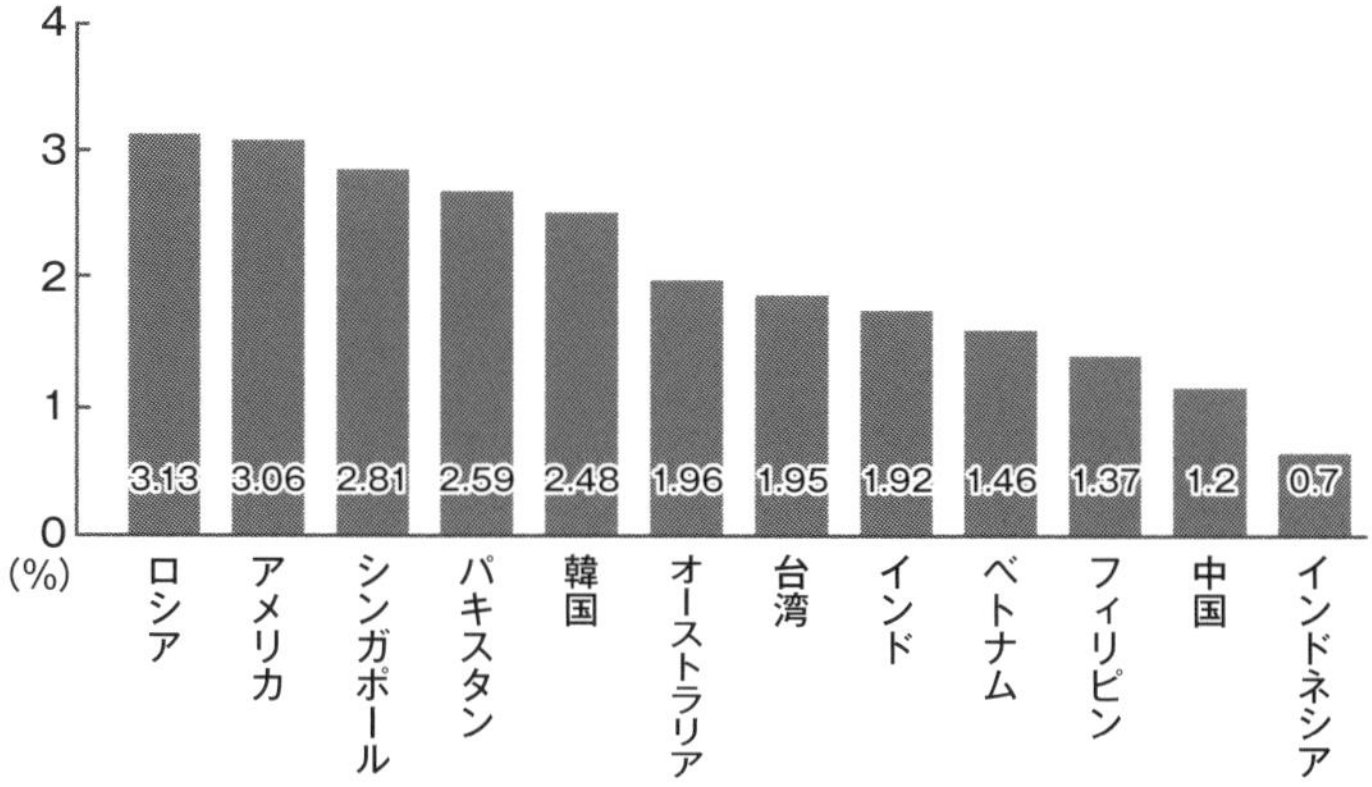

『ミリタリー・バランス』（2023年度版）のデータを基に作成

ているようなものなので、根本的に話にならないのです。

もう1つ、東アジアの国防費のほかの国の平均値を見てみましょう。

実は東アジア各国で、国防費がGDP2%に近い国はいくつもあるのです。韓国は2・48%ですし、シンガポールは2・81%、オーストラリアも2%弱です。

むしろ日本がこれまで際立って低かったということで、北朝鮮や中国、尖閣諸島や朝鮮半島という非常に危険なエリアを抱えていながら1%を維持していたこと自体が、世界的に見れば特異な事例だったということです。

日中関係と米中関係

近年のニュース番組を賑わせている話題のひとつに、米中の対立があります。この中で、米中の対立に日本が巻き込まれる、日本が米中の仲介をしてはどうかという問い立てがあるのですが、これは的外れです。その理由ははっきりしています。

それは、尖閣諸島をめぐる日中の対立が、米中対立の原因の1つになっているからです。その理由を説明します。

第一次尖閣危機（漁船事案）が起こった2010年の段階で、アメリカはまだ中国に対する宥和的政策、中国を協調的なアプローチで取り込もうという政策を捨てていませんでした。実際に尖閣諸島の漁船事案が起こったときに、尖閣のために米中関係を危険にすべきではないという議論が、アメリカでは交わされていました。

それを変えさせてきたのが、ほかならない日本です。「ここで尖閣を失ったら南シナ海を失いますよ、尖閣と南シナを失ったら台湾を失いますよ、それでもいいんですか？」とアメリカに問いかけて引き込むかたちで、アメリカの対中政策を変えさせてきたわけです。よって、今になって日本が中立的立場だというのは、そもそも認識がおかしい。**米中が対立していく道筋の中に尖閣諸島の問題がある**のです。

ですから、日本が米中対立と関係ないというのであれば、まずは尖閣諸島を捨てる覚悟が必要です。「尖閣諸島は中国のものでいいですから、我々は米中の間に立ちます」と意思表示しなければならないのです。いいところ取りはできませんよ、ということですね。

尖閣問題については外交的解決をすべきだという論調もありますが、2010年の漁船事案のときと、2012年の尖閣諸島国有化のときに、当時の民主党政権が外交的解決を試みています。自衛隊を前面に出さずに外交的な解決を図ったのです。

しかし、中国は政府公船を継続的に派遣し、領海や接続水域にも侵入してきます。なぜこうなったのかという検証なしに、今後の外交解決の議論はできないのではないでしょうか。

知って
おくべき!

対中戦略の変化
中国との戦略的競争

まずは日米の対中戦略の流れについて整理しておきましょう。

1980年代末に米ソの冷戦が終わりました。民主主義陣営からすれば、ソ連という敵が文字通りなくなってしまったわけです。これで世界は平和になると誰もが期待しましたが、そこで不確定要素が1つ残っていました。それが中国です。

中国では、社会主義市場経済を目指す改革開放が1980年代後半に始まります。しかし1989年には天安門事件が発生しました。たぶん中国は発展するだろう、でも発展した中国が敵になるか味方になるかわからない、というタイミングで1990年代に入ります。

そして1995~96年の台湾海峡危機があって、やはり中国は危険な存在になるのではないかという感覚も生まれるのですが、あえて中国を敵にする必要はないという見方が支配的でした。巨大な中国市場というのは非常に魅力的でしたからね。「冷戦に勝ったのは資本主義と民主主義である」という前提があるので、市場経済に向かっている中国が中長期的に民主主義になれば、非常にまともな国になるのではないか、という希望があったわけです。

ですから、**中国を敵にするのではなく、前向きに中国と関わって、敵ではなく味方、仲間にしていくという考え方に傾いた**のです。これを「関与」という言葉で表現しました。しかしクリントン政権時の関与政策は甘いということで、2001年に発足したブッシュ政権のときには「抑止を重視した政策をする」という姿勢を見せるのですが、ここでいわゆる911、アルカイダによるアメリカ同時多発テロが起こってしまいます。アメリカのアジア戦略は後回しにならざるを得なくなりました。

ここで、中国が対テロ戦に協力する姿勢を見せます。特に中国は国内にウイグルをめぐる問題を抱えていますから、様々な方法で入手していたイスラム過激主義組織の情報をアメリカと共有したのです。そのため、2000年代初頭からしばらくの間、米中関係は良好で、国交正常化以降、最もいい米中関係と呼ばれるような時代になっていきました。

そんなタイミングで、北朝鮮非核化の六者会合が2003年にスタートします。しかし、アメリカ側はイラクに対してリソースを割こうとしている時期ですから、中国を議長国にして北朝鮮を担当させることで問題を解決する道を探っていたわけです。当時のアメリカは、それくらい中国を信頼しはじめていたのです。通常、多国間の枠組みは議長国が持ち回りになります。ところが六者会合については、中国が議長国というのを先にアメリカが決めて押しつけるかたちになりました。

中国も最初は嫌がりますが、実際にやってみると、議長国の立場には旨味があるとわかって、これを自分たちの外交に活用してきます。ですから、六者会合における議長国としての経験は、その後の中国の対外政策にかなり大きく影響していくことになりました。

アメリカが目論んだステークホルダー論の挫折

ここで、アメリカの対中政策が一歩前進します。それまでは**敵にしないために仲間の輪の片隅に加える「関与」の姿勢でしたが、一歩進んだ「責任あるステークホルダー論」が提起される**のです。

ステークホルダーというのはなかなか日本語になりにくいのですが、直訳すると株主です。単なる利害関係者ではなく、中国を責任ある利害関係者にしていくという戦略が提示されたわけです。これは、一緒に今の秩序を支えましょうということですから、完全な仲間です。

仲間に入れるということが政策オプションに入ってきたという意味で、これまでの**関与政策とは大きな違い**があります。

中国の経済発展というのは、国際的な投資や自由貿易によって支えられています。しかし、自由貿易というのは天から降ってきたものではなく、それを維持するために、日米欧が日々庭園の花に水やりをするように手間暇をかけて維持してきたものです。中国は庭園の中でのびのび育ってきたわけですが、育ったなら一緒に庭仕事をしましょうよ、というのがステークホルダー論です。

ただ、当時でも本当にそれが実現する確証はありませんでした。中国という国は、言ってみればかつてのソ連のようになるかもしれない存在です。実際、天安門事件がありましたし、台湾を越えてミサイルを撃ったこともありました。今後、どうなるかわかりません。

そこで、**中国が仲間にならない、ステークホルダーにならない可能性にも備えるため、シェイプ&ヘッジ政策がとられる**ことになります。シェイプというのはアメリカ独特の戦略観で、中国が「責任あるステークホルダー」として仲間になるように働きかけて変化を促していくという政策です。ただし、期待通りにならなかったときのためのリスクヘッジとして、抑止力も強化する。世界をまさに自分の思うように変えていく、自分たちにはそれができるんだ、という当時のアメリカらしい発想です。

このシェイプ＆ヘッジ政策で、ブッシュ政権からオバマ政権前半までの対中政策は進んでいきます。

この考え方には、「中国はこれから強く成長していく」という確信が根底にありました。強くなった後で道筋を変えることはできません。ならば、強くなる前に道筋を変えて一緒に庭仕事をしましょう、と考えたのです。

しかし一方で、中国にはそれを拒絶するような反応もありました。シェイプを日本では「形成」と訳しましたが、中国語では「塑造」と訳していたそうです。**アメリカが考えている中国像を都合よく押し付けられるような印象を、彼らが感じ取った**のでしょう。

「責任あるステークホルダー論」はいたってまともに見えますが、中国から見るとなかなかに嫌な話です。「責任」とは、誰が定義するのでしょう。誰しも、自分が無責任だとは主観的に思っていません。しかし、アメリカの言う「責任あるステークホルダー論」というのは、アメリカが定義した責任ある行動をとるという意味なのです。

当然、中国側からすると、「いや、何が責任ある行動で、何が無責任か、俺が決める」というところもあったでしょう。彼らにとってあまり好ましくない部分を含む話だったわけですね。

いずれにせよ、**アメリカが提唱した「責任あるステークホルダー論」、ならびにシェイプ&ヘッジ政策は、失敗に終わります**。中国が強くなる前に民主主義的な責任ある国に変えていくつもりだったのに、中国は姿を変える前に強くなってしまいました。一度強くなってしまったものを再び弱体化させるなんてことはできません。

むしろ、**中国をシェイプしようとしたアメリカが、逆に中国にシェイプされていた**部分があります。その一例が経済です。中国は貿易市場として極めて大きな存在感を持つようになりました。ですから一度関係ができてしまうと、影響力は一方通行ではなく、双方向になってきます。結果的に、アメリカの資本経済に中国が侵食することになりました。

中国の変化

胡錦涛政権までは、鄧小平時代からいわれていた「韜光養晦《とうこうようかい》」という言葉がしばしば用いられました。

韜光養晦という言葉は、「爪や才能を覆い隠し時期を待つ戦術」と解されます。より砕いて表現するなら、野心を隠して周りと仲良くやっていきましょうという考え方です。

北風と太陽の寓話で言うなら、太陽的にアプローチしていけば、中国はどんどん強くなっていくから、勝手に中国圏ができていくという考え方です。ところが、2000年代後半に中国の姿勢が変わっていきます。より高圧的な姿勢を見せるようになってきたのです。

中国の姿勢が変わっていった要因を、いくつか挙げることができます。

経済的には、**世界経済危機**がちょっとしたあやになりました。

中国の公表国防費と予算の推移

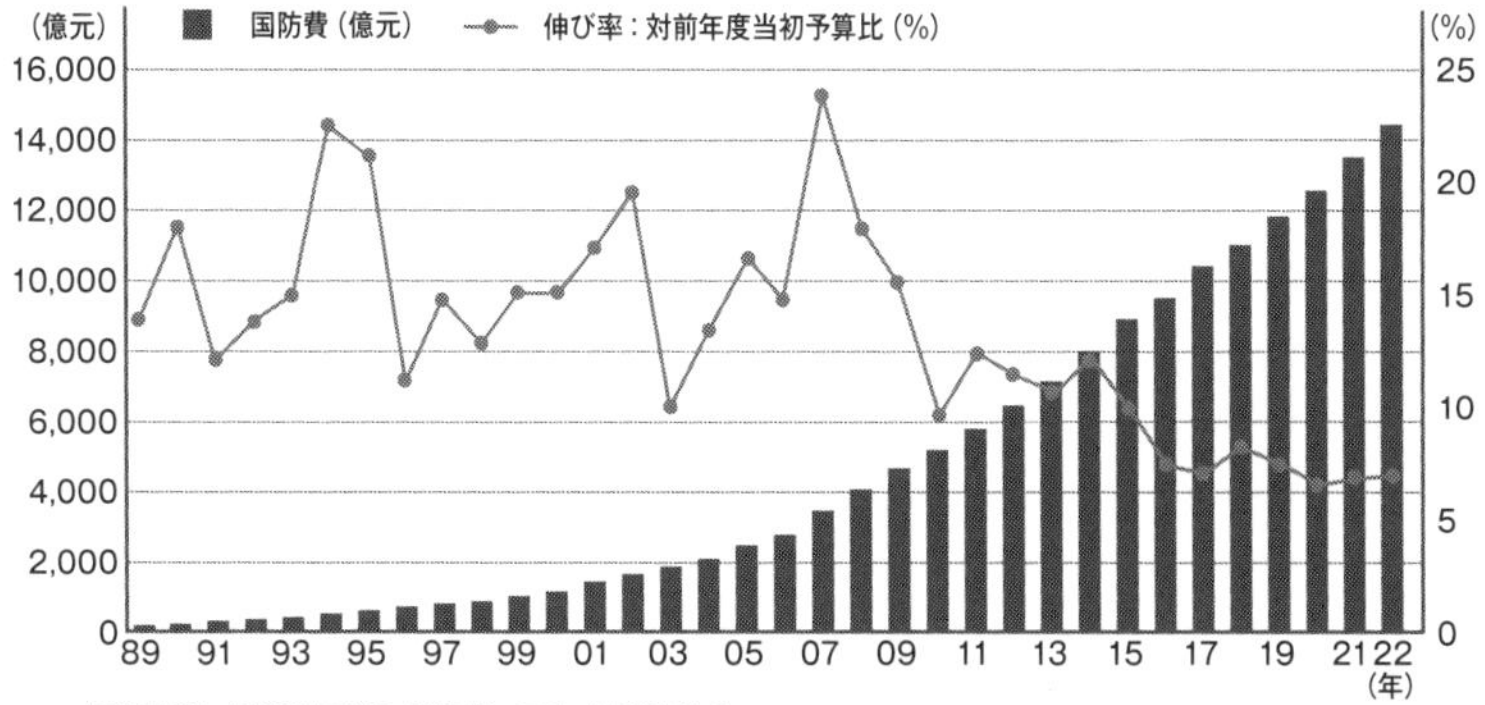

『防衛白書』(2022年度版・防衛省)のデータを基に作成

2007年にリーマンショックがあって、翌2008年頃から本格化した経済危機の中で、日米欧が大きな打撃を受けました。もちろん、中国も打撃を受けています。しかしここで**中国は、60兆円近い巨大な景気刺激策を実施して、いち早く不景気から脱却**しました。

その結果、中国は「もうアメリカを恐れる必要はない」という、ある種の過信を持つようになっていきます。自分たちが素早く不景気から脱したという実績があり、加えて、そもそも経済危機の震源地がアメリカなわけですから、中国から見れば文字通りアメリカの評価は急落状態です。しかも対イラク戦でも苦戦します。この時点で、アメリカのご機嫌をとる必要はないという意識が広がっていくのです。

そのタイミングで習近平政権が誕生、日中関係が悪化し、米中関係の悪化に発展しました。さらに、すでに発覚していた南シナ海でやっていた埋め立てによる関係悪化が加速していき、そのあたりでいよいよアメリカの対中政策の流れが大きく変わっていきます。

それが、先ほどの**「責任あるステークホルダー論」の放棄**です。明確に捨てられたのは、おそらく2012年頃です。

日本では2013年の国家安全保障戦略の中に、中国が責任ある大国として協力することを歓迎するという意味が含まれた文言がありました。しかし、日本も実質的に中国を変えることを諦めていくという展開になりました。

諦めていく過程で「我々は中国を変えられなかった」ということがはっきりと認識されて、2017年12月のトランプ政権の国家安全保障戦略で、大国間競争の時代が来た、もう協調の時代は終わった、これからは競争の時代だという内容が示されています。

いよいよ2010年代後半になって、中国と対立が深まっていて、簡単には解消できなくなったと認識されたのです。

日本は米中対立の傍観者ではない

ここで、米中対立に関する日本の立ち位置を確認しておきましょう。

テレビや新聞などで米中の対立が報道されるとき、どこか他人事、まるで傍観者のような姿勢が見られることがあります。

本当に他人事でしょうか。本当に我々は傍観者でいられるのでしょうか。

答えはNOです。

むしろ、より**強い当事者意識を抱くべき**と言えるでしょう。

日本が米中の仲介役を担うと考えたとき、米中対立の要因のひとつになっている尖閣諸島を諦めなければ、米中間で中立の存在になることはできません。

また、アメリカにはいつでも中国に対する防衛ラインをグアムまで下げるという選択肢があることも忘れてはいけません。

事実、日中の対立が表面化した当初、アメリカは静観論もありました。それを日本の外交努力でアメリカを当事者の一部にしたのです。

しかしアメリカは、いつでも東アジアの問題から撤退することが可能です。国土は地球の裏側にあり、至近距離で火の粉が降りかかる心配はありません。日本がアメリカに対して抱く関心と、アメリカが日本や東アジアに対して抱く関心にも温度差があります。

すでにアメリカは自分が圧倒的な強者、世界の警察であるとは考えていません。ですから、問題の渦中にいるはずの日本が傍観者のような立場をとっていたら、アメリカが中国と競争するラインをグアムまで下げ、一連の対立構造から退場してしまう可能性は常に残されているのです。

しかし、**日本はこの問題から退場することができません**。これが日本の位置する**東アジアの問題であり、わが国土の問題だから**です。そこで中国を相手に少しでも有利に外交を展開していくためには、やはりアメリカの存在は欠かせません。

アメリカが日中の傍観者になってしまっては困るというなら、日本も米中の傍観者ではないということを、きちんと考えるべきでしょう。

米中軍事バランスの変化

先ほど、中国の経済的発展について触れました。ここでは、軍事力の発展についてまとめましょう。

1990年代はじめの中国の戦力は、それほど影響力のある存在ではありませんでした。中国人民解放軍は陸軍こそ大規模ですが、海空戦力は自衛隊と比べても全然劣っており、核を除けば日本だけでも対処できるような力でした。

その中国の軍事力近代化の大きなきっかけになったのが、1995年から翌96年に起こった台湾海峡危機です。

それまで国民党の一党独裁状態にあった台湾で初めて、民主的な選挙によって総統を選出することになり、それに中国が猛反発したのです。

なぜ反発したのでしょう?

中国と台湾の双方が独裁政権の状態なら、政権同士で合意さえとれれば統一はスムーズにできます。しかし相手が民主主義国家となると、かなりの難航が予想されます。ですから、台湾が総統を民主的に選出することに、中国は強く反発したわけです。そのアピールとして、選挙の直前にミサイルを発射し、台湾を越えた太平洋側に落とすという演習を実施しました。

これは武力行使の前触れなのではないかという話もありましたし、そもそも選挙を武力で威嚇するような事態があってはならないということで、アメリカは空母を2隻派遣して中国側を抑え込みました。

これは、中国側からすると非常に屈辱的なことです。二度とこんな屈辱を味わうことがないよう、中国はがむしゃらに軍拡に突き進むことになりました。

この軍拡における中国の取り組みには、注目すべき点がありました。それが、

ハイテク産業の成長です。

1991年の湾岸戦争、そして軍拡に大きく舵を切った後には1999年のコソボ空爆で、中国はアメリカのハイテク兵器の威力を目の当たりにしています。

同時期、ロシアはそのハイテク兵器に核兵器で対抗しようとしました。しかし中国はその選択をせず、自分たちのハイテク兵器で対抗しようとしました。しかしハイテク兵器で対抗するためには軍の力だけではどうにもなりません。国全体の技術力を上げていかなければならないのです。そうやって、**改革開放の中で、まさに経済力と技術力を伸ばしながら軍事力を伸ばしていった**のです。

中国の国防費は今でもGDP比1・3〜1・5％くらいなので、比率で言うと多くはありません。とはいえ経済規模が巨大ですから、経済、技術力の成長とともに自分たちでもハイテク兵器が作れるようになったのです。

日本にとっての都合の善し悪しを抜きにすれば、中国の態度は称賛に値します。ロシアのように安直に核兵器で対抗するのではなく、正面からアメリカと

中台の近代的戦闘機数の推移

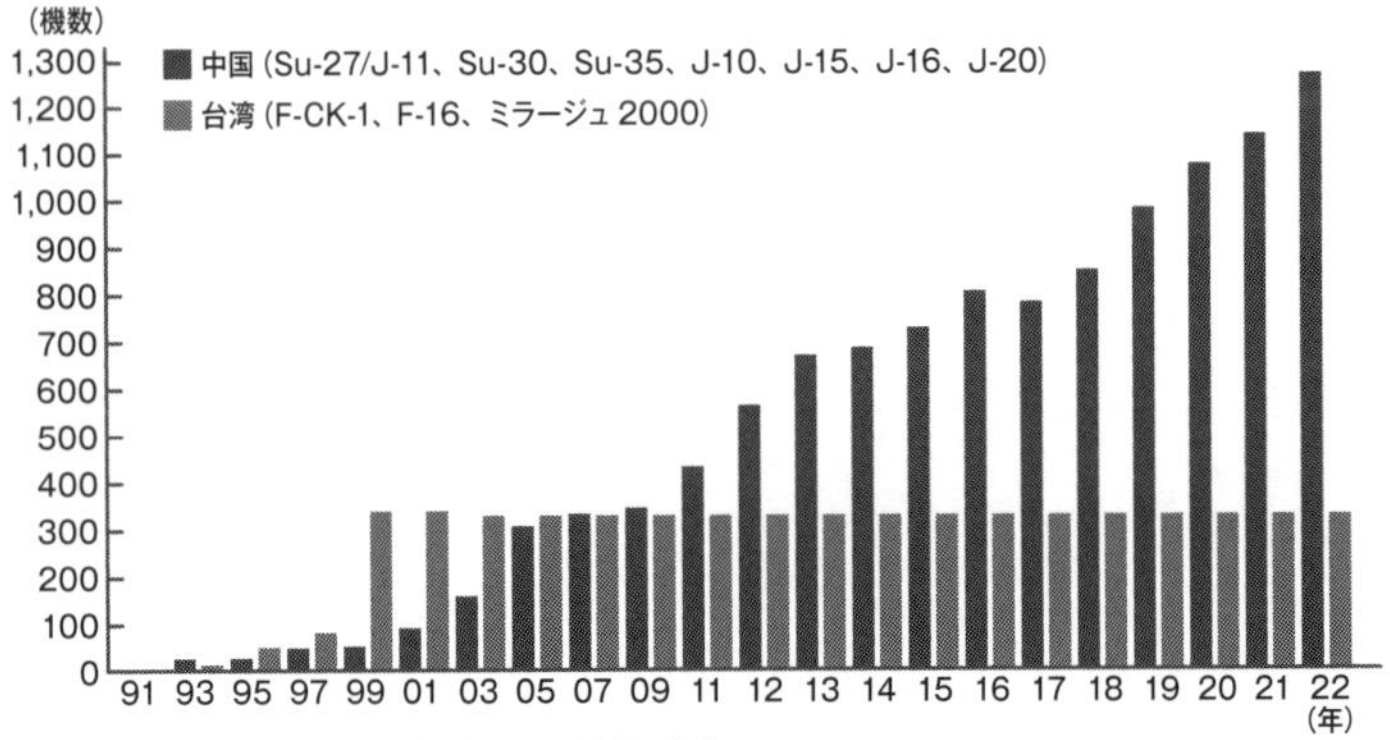

『防衛白書』（2022年度版・防衛省）のデータを基に作成

戦えるようなハイテク兵器を作っていくということを目指し、しかもそれに成功したのです。技術的に伸びるのと比例する形で量も増やし、現状で対米7〜8割という水準を達成しているわけです。

アメリカの軍備の総量と比較すればまだ劣りますが、すべてが東アジアに来るわけではないので、ここに常駐している米軍に比べれば優位は確立しました。外からグローバルに援軍が来ないかたちを作ることができれば、十分に勝てる計算です。

ここで、かつて太平洋戦争開戦前に山本五十六がときの首相・近衛文麿に「初めの半年や1年の間は、随分暴れてご覧に入れる。然しながら、2年3年となればまったく確信は持てぬ」と進言していたことを思い出す人は多いのではないでしょうか。

仮にアメリカのほか日本やオーストラリア、欧州が手を組んで展開可能な軍事力を展開してきたなら、もちろん同盟側のほうが強いでしょう。しかし、それを実現するには6カ月や1年といった時間を要します。

そこで3カ月や6カ月で戦争を終わらせられると考えるならば、中国は勝てると思って仕掛けてくる可能性は大いにあるわけです。しかも、もし軍の司令官が習近平から「率直なところ、どうなのか?」と尋ねられたら、立場上、負けるとは答えられません。山本五十六と同じような答えになるはずです。そこで、「半年、1年なら暴れてみせます」と言われたときに、習近平は「じゃあ、戦えるんだね」と思うことでしょう。

東アジアにおける安全保障環境は、すでにとても危うい状況にあると言えるわけです。

対米確証破壊能力を持った中国

そしてもう1つ、**ハイテク兵器同士での衝突以外に、核兵器を用いるという展開**も考えられます。

アメリカはロシアと並ぶ世界最大級の核兵器保有国です。核兵器など使わないほうがいいのですが、先ほど申し上げた通り、ヨーロッパとアジアの両方で戦争を抱えた場合、アメリカは核オプションも考えなければいけない状況が十分に起こりえます。

一方の中国も核軍拡を着実に進めています。しかも中国は弾頭の生産能力を急速に強化していて、2030年には1000発、2035年には1500発を保有するといわれています。

いきなり数字を挙げてもわかりにくいですね。もう少し具体的な話をしましょう。

アメリカとロシアが2011年に結んだ新START条約（新戦略兵器削減条約）の中で、両国それぞれが保有可能な配備弾頭数の上限としているのが1550発です。

もし本当に中国が2035年に1500発を保有するようになれば、米露が配備する弾頭数とほとんど同じになります。

もちろん、保有する弾頭数と配備される弾頭数とは違っており、米露両国の配備弾頭数が1550でも、保有弾頭数は5000を上回ります。ですから中国が1500の核弾頭ミサイルを作ったからといって、それをすべて配備できるとは限りません。しかし、仮にすべてを配備できたとしたら、米露と同じぐらいのスケール感になるわけです。

これは、すごいことです。

戦後の米ソ、米露というのは、核のスーパーパワーとして何者にも追いつかれない地位にいました。**米露が核兵器を削減してきたという背景こそあるものの、両国と並ぶような地位を中国が掴もうとしている**のです。

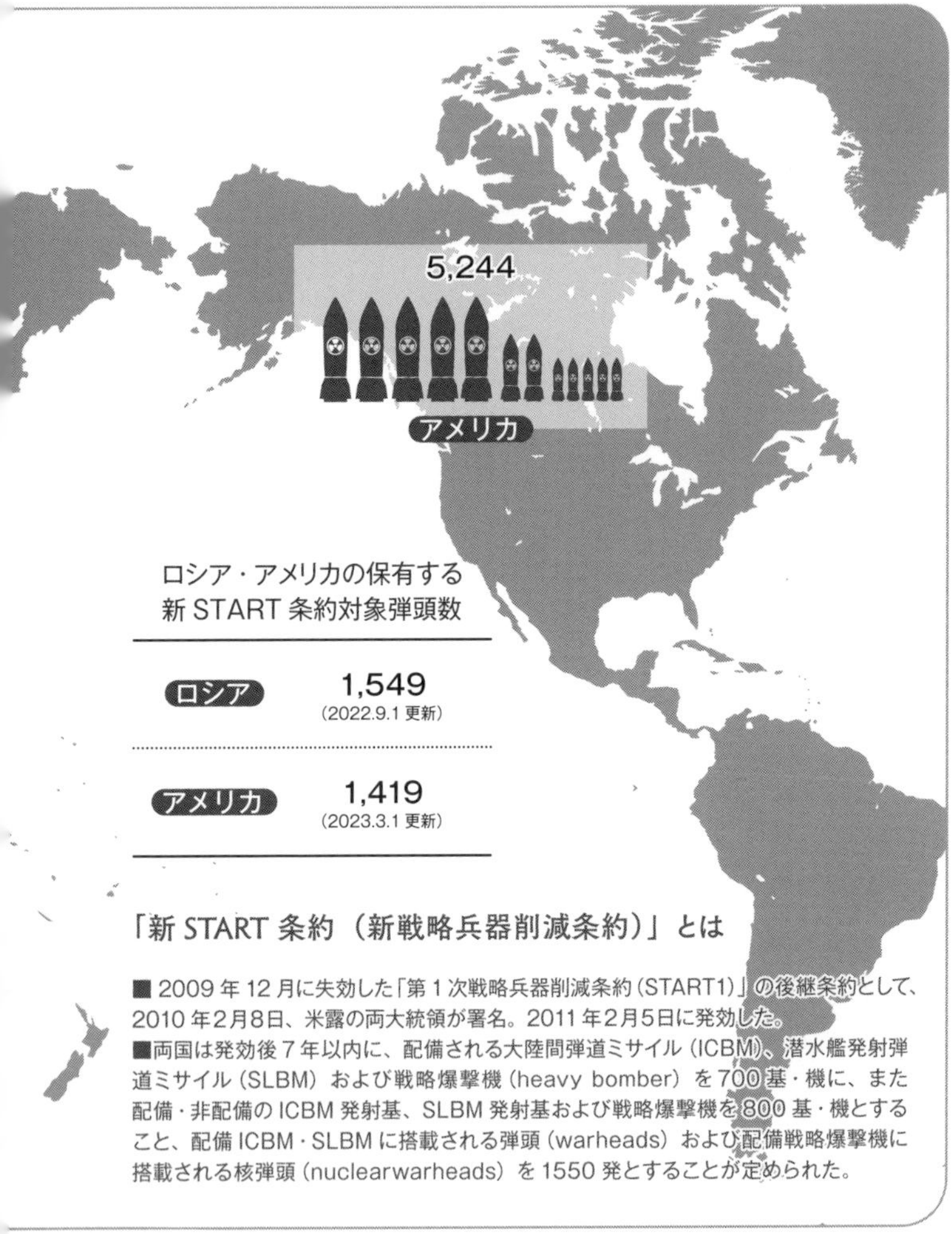

ロシア・アメリカの保有する
新 START 条約対象弾頭数

ロシア	1,549 (2022.9.1 更新)
アメリカ	1,419 (2023.3.1 更新)

「新 START 条約（新戦略兵器削減条約）」とは

■ 2009 年 12 月に失効した「第 1 次戦略兵器削減条約（START1）」の後継条約として、2010 年2月8日、米露の両大統領が署名。2011 年2月5日に発効した。

■両国は発効後 7 年以内に、配備される大陸間弾道ミサイル（ICBM）、潜水艦発射弾道ミサイル（SLBM）および戦略爆撃機（heavy bomber）を 700 基・機に、また配備・非配備の ICBM 発射基、SLBM 発射基および戦略爆撃機を 800 基・機とすること、配備 ICBM・SLBM に搭載される弾頭（warheads）および配備戦略爆撃機に搭載される核弾頭（nuclearwarheads）を 1550 発とすることが定められた。

核保有国の保有核弾頭数

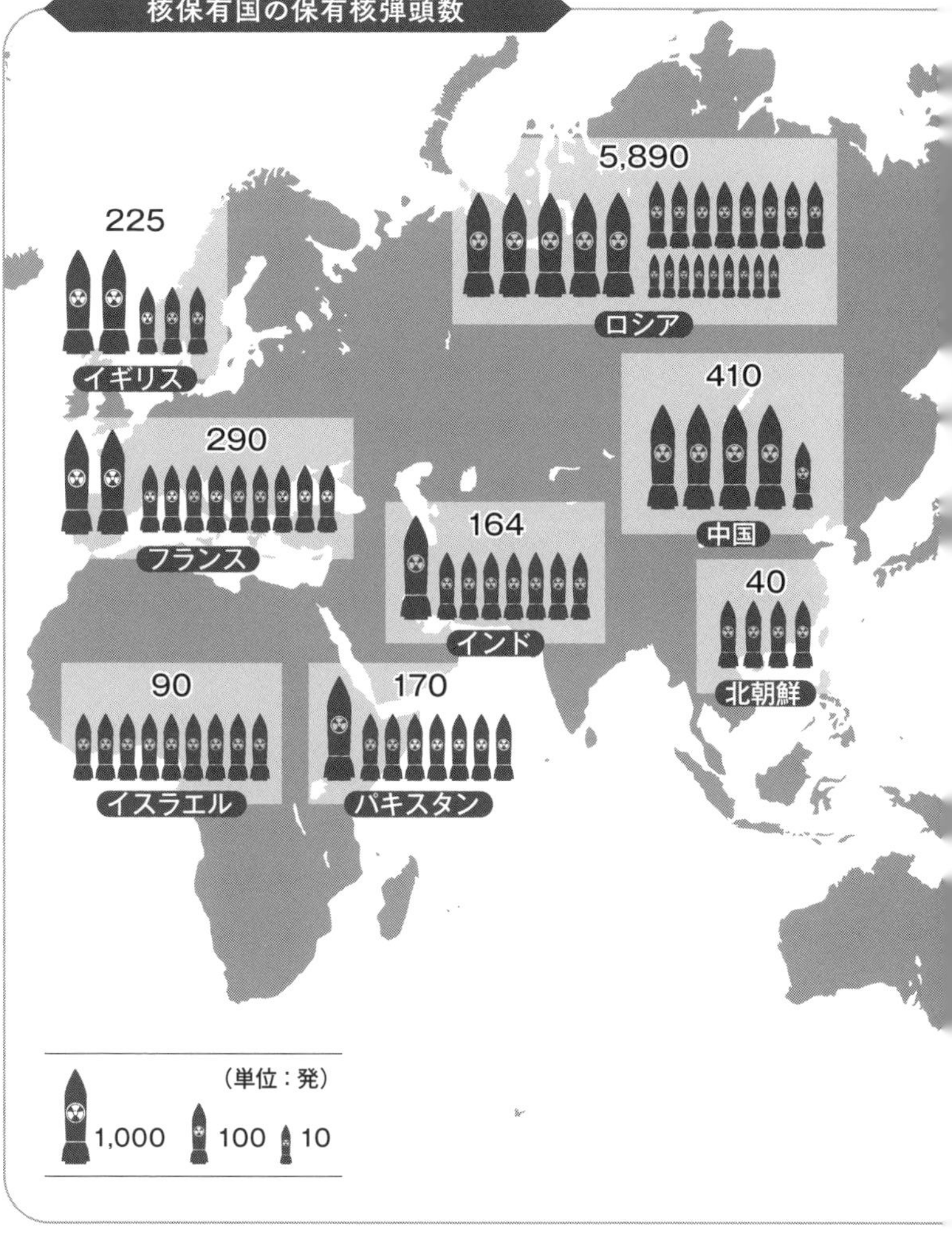

数字は長崎大学核兵器廃絶研究センター（RECNA）のデータを基に作成
解説は「軍縮・不拡散問題ダイジェスト Vol.1,N0.11)」（日本国際問題研究所）より一部抜粋
※数字は丸めてあるため、実際の合計数と異なる場合があります。

特にこの１５００発というのは、大きな意味を持つ数字です。

核の世界に関しては、**相互確証破壊（Mutual Assured Destruction：MAD）**という言葉があります。これは、**核兵器を撃ち合ったら１００％両方が共倒れになる条件が揃っている状態**を意味します。共倒れになるくらいなら核戦争はやらないでしょう、そんな狂気じみたことはしないでしょう、ということで維持されている平和という意味で、ＭＡＤという言葉が当てられているわけです。

今現在、米露は共倒れ関係にあります。ここで中国も１５００発になれば、この共倒れ関係の輪に加わることになります。そうなったときに困るのが、同盟国なのです。

アメリカと中国が戦争をすると、共倒れになる。すなわち、アメリカが倒れるということです。ですから、アメリカは情勢が最悪になっても中国と戦争したがらないのではないか、という懸念が生じます。

同様のことは、実際に１９７０年代にアメリカとソ連が共倒れ関係を確実にしたときに起こりました。そのとき、ヨーロッパ諸国は「アメリカは我々を見捨てるんじゃないか」という不安に駆られました。

そこでヨーロッパ諸国がアメリカに何を求めたかというと、いわゆる中距離核戦力（Intermediate Nuclear Force：ＩＮＦ）をヨーロッパに置くことでした。これにより欧州の同盟国は「アメリカはヨーロッパを見捨てない」というメッセージを受け取ることになりました。

同様に、中国が核戦力を強化し続けて米中の共倒れという状況が成立してしまったときに備え、アジアにおけるアメリカとの関係性をどう構築していくのか、我々は真剣に考えなければならないのです。

知って
おくべき！

北朝鮮：核のエスカレーション・ラダー なぜ核兵器の開発を続けるのか？

多くの日本人から「東アジアで最も危険」というイメージを持たれているであろう国が、朝鮮民主主義人民共和国、いわゆる北朝鮮です。

１９９８年には何の予告もなく日本列島を飛び越える軌道でテポドンミサイルを発射しており、以来四半世紀にわたってミサイルおよび核兵器の開発を続け、日本の安全保障上の脅威のひとつに位置づけられてきました。拉致問題も解決には至っておらず、**「国際的な常識をあまり気にしないで行動する国」という印象が強く、ある意味で非常にわかりやすい脅威対象**です。

北朝鮮による核兵器の開発が深刻な問題として認識されたのは、１９９３〜９４年の第一次朝鮮半島核危機の時期です。このときは、北朝鮮の核施設に対するＩＡＥＡの特別査察を北朝鮮が拒否したことで、にわかに核開発疑惑が高まりました。やがて米軍による空爆寸前までいきましたが回避され、1994年には、北朝鮮が原子炉を解体するという、米朝間の枠組合意もなされています。

北朝鮮は、国内の電力不足を解消するため、というロジックを原子炉運用の口実としてきました。しかし、寧辺《ヨンビョン》郡にある原子炉から外部へは、送電線が架けられていません。国内のどこにも送電していないわけですから、なんともお粗末な言い訳です。しかしその主張を逆手にとり、火力発電用の重油を提供するから原子炉を解体しなさい、というところで取り引きが成立しました。原子炉がなければプルトニウムは作れませんから、これで北朝鮮の核兵器開発は大きく後退すると思われました。

ところが北朝鮮は、この合意の裏でウラン濃縮実験を始めました。プルトニウムがなくても、濃縮ウランがあれば核爆弾を作ることができます。

このウラン濃縮実験が発覚したのが2002年で、これがきっかけとなって本書31ページで触れた六者会合が行われます。北朝鮮と米韓中の四者に、ロシア、日本を加えて六者会合になりました。

こうして2005年9月、六者会合で非核化が合意されました。
しかし翌2006年、北朝鮮が初めての核実験を行います。
非核化合意を遵守するつもりなど、北朝鮮には最初からなかったのです。

核開発は外交カードではない

ではなぜ、北朝鮮は世界中から非難を浴びてまで核開発を続けるのでしょう。その理由さえわかれば、北朝鮮非核化への道を開くことができるかもしれません。

その発想のもと、90年代から最近まで、多くの朝鮮半島専門家が分析を試みてきました。この多くの場面で主流の論調で語られていたのが、**核開発は外交関連のカードとして用いるため**だ、というものです。核開発を継続する限り、北朝鮮は日米や韓国、諸外国と非核化についての交渉を続けることができます。

そこで経済や食糧、重油などの支援や、日米との国交正常化などを勝ち取ることを主目的に考えていると、彼らは分析しました。相手をその交渉テーブルにつかせるためにたどりついたのが核開発だったというのが彼らの仮説です。

その一方で、我々安全保障の専門家やごく一部の北朝鮮専門家は、外交カードという分析に否定的でした。北朝鮮にとっての核開発は、**アメリカに対抗する手段、アメリカに対する軍事的抑止力の確保が目的**であるから、決して核開発を放棄することはないと考えたのです。

1990年代ならまだしも、2005年に非核化に合意して、その翌年に核実験を行っているわけですから、その時点で核放棄の意思はないと判断できたでしょう。しかもその後、再び非核化合意に向けた六者会合が開催されている中で、北朝鮮は2回目の核実験を行っています。ここまでくれば、もう非核化の意思はないと考えるのが正解でしょう。

とはいえ、かつて北朝鮮が非核化に合意したというのは重要な事実なので、日本とアメリカと韓国は、2005年9月の非核化合意はまだ有効であるという立場をとっており、北朝鮮が約束を破り続けていると主張しています。しかし、もはや北朝鮮はそんな合意や日米の抗議は眼中にない状態です。

ここまで明確に北朝鮮が核開発継続の姿勢を維持しているとなると、これを外交カードとしてキープしていると解釈するのは難しいでしょう。**米韓への抑止力としての核兵器保有が真の目的**。そう理解せざるを得ません。

そしてついに2017年、トランプ政権が大規模な軍事力を展開して北朝鮮に圧力をかけます。その結果、北朝鮮が米朝首脳会談に応じるという展開になっていきますが、実はこのとき、アメリカがどれだけ軍事的圧力をかけてきても、本当に戦争に踏み切ることはないと北朝鮮に見切られていました。

なぜ見切られているかを解説しましょう。

軍事的圧力が一歩前進して、実際の攻撃行動に移ったとします。もし半島で米軍が寧辺郡の原子炉やそのほかの北朝鮮のミサイル施設を空爆したら、北朝鮮は反撃に出るでしょう。

その最大のターゲットはソウルです。ソウルはいわゆるDMZ（北朝鮮との軍事境界線）からたった20キロしか離れていませんから、北朝鮮のロケット砲や大砲の射程圏内です。もし米軍が北朝鮮を空爆したら、その後の北朝鮮からの反撃でソウルが火の海になります。この状況は、1993〜94年の第一次朝鮮半島核危機の頃から変わっていません。

そんな地理的リスクがある以上、同盟国である韓国は絶対に、アメリカの軍事力行使に首を縦に振りません。仮に北朝鮮に攻撃を仕掛けることで非核化を達成できるとしても、その代償としてソウルが灰になるというシナリオは、受け入れられる話ではありませんからね。

つまり、第一次朝鮮半島核危機のときでも、2017年の軍事的圧力であっても、条件が変わっていない以上は、アメリカ側は北朝鮮に空爆ができないと最初から見切られているわけです。見切られている圧力には効果がありません。

このケースを、今度は北朝鮮側の視点から見てみましょう。反撃によってソウルが火の海になるからアメリカが攻撃できないとするならば、アメリカは北朝鮮の反撃能力を根こそぎ奪い取るような攻撃を第一撃から仕掛けてくるのではないか。核施設だけでなく、ソウルを射程に収めた大砲も攻撃してくるのではないか。撃ち漏らす可能性がある場合は、万全を期して核兵器を使ってくるのではないかと、予想しているかもしれません。

つまり、北朝鮮が核兵器を以てアメリカの核兵器使用を抑止しなければならないと考えても、論理としてはおかしくないのです。

北朝鮮が目指す4段階の核戦力

10年くらい前ですが、とある国際会議で北朝鮮の外交官と核戦略について個人的に議論する機会がありました。そこで筆者は、相手の外交官を「論理的で、議論が成り立つ」人物だと感じました。彼らもちゃんと西側のアメリカの核戦略を勉強していて、同じボキャブラリーで議論ができるのです。

ですから、主張する内容は違いますが、言っていることは彼らなりに筋が通っているので理解できてしまう。彼らは大変熱心に核戦略を勉強しているのです。

この経験を踏まえ、自分が北朝鮮だったらこうするという論理構築で、ある程度の予測ができると考えています。

その前提で今の北朝鮮の核戦略は、４段階の核抑止力を作ろうとしているのではないかと推論できます。それが次の４つです。

①抑止力としてのアメリカ本土攻撃能力

②在日米軍を攻撃するための対日攻撃能力

③在韓米軍を攻撃する能力

④韓国軍を攻撃する能力

このうち①〜③は、アメリカを朝鮮半島情勢から切り離すための手段です。①でアメリカに「介入するな」と威嚇し、それでも有事が発生した際に干渉されたら、②および③で地域の米軍戦力を無力化する。それが実現してから対韓国軍の戦闘となりますが、韓国も強力な通常戦力を保持していますから、１対１の戦いでも勝てる見込みはありません。

北朝鮮の核戦略

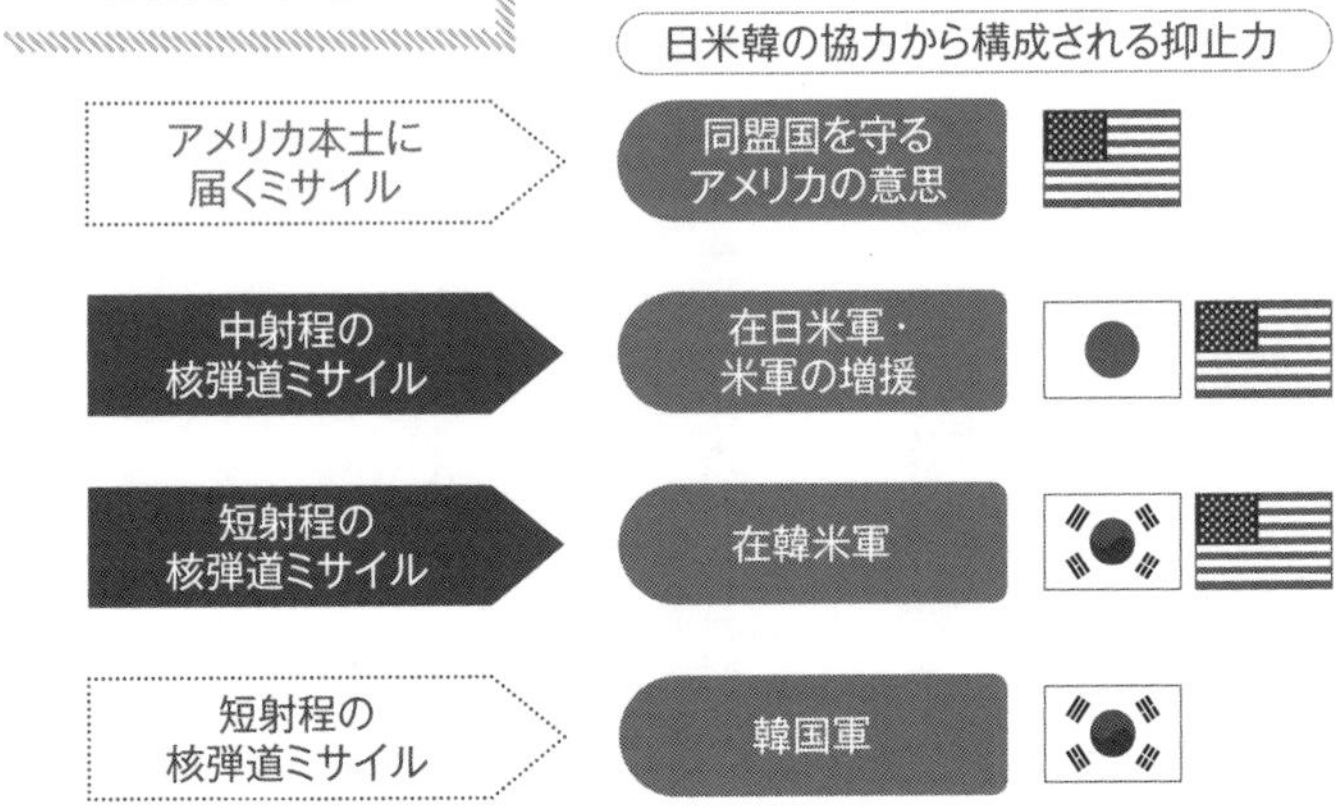

　そこで優勢を確保するために用いるのが④です。

　現段階で、すでに北朝鮮は②と③の能力を保有しています。まだ実用段階に達していないのは、①と④。この2つについては核実験も必要になる可能性があります。もし次の核実験をするなら、①か④のどちらか、あるいは両方であろうと予測されています。

　北朝鮮にこの4段階の核戦力が揃ったとき、朝鮮半島および周辺国一帯の戦略的な図式が大きく変わっています。1950年に始まった朝鮮戦争の構造を読み解いていくと、その答えが見えてきます。

朝鮮戦争の戦場は朝鮮半島でした。まず北朝鮮が38度線を越えてなだれ込んで、釜山まで攻め寄せました。そこからアメリカが仁川《インチョン》上陸作戦を行い、南下してきていた北朝鮮軍を包囲、撃破してから北に攻め上がっていきます。しかしそこで中国の介入があって押し戻され、再び38度線付近で戦争が終わるわけです。

この一連の作戦で一番大きな意味を持ったのは仁川上陸作戦ですが、上陸した部隊やそこで使用された船舶は、佐世保から出撃したものでした。日本列島を米軍が使えなかったなら、この作戦は実行できなかったでしょう。

北朝鮮に対して行われた米軍の空爆も、多くの航空機は日本から飛び立っていました。加えて日本は、「朝鮮特需」という名で知られる兵站支援を米軍に対して行っています。

そう、**アメリカは日本列島なしに韓国を守ることはできなかった**のです。

北朝鮮からすれば、今後想定されうる半島有事においても、日本の存在と朝鮮半島を切り離さなければ、勝つことができないということになります。日本と朝鮮半島を切り離すことができれば、アメリカと朝鮮半島を切り離すことにもなるので、とにかく日本を切り離すことが重要になります。

朝鮮戦争においては、北朝鮮は日本を攻撃する力がありませんでした。つまり、日本と朝鮮半島を切り離すことができなかったのです。この図式は、最近まで続いていました。そのため、朝鮮半島有事が起こったとしても、戦場は朝鮮半島に限定され、日本列島は安全な後方地域であり続けると考えられていました。

1997年に策定された日米防衛協力の指針（ガイドライン）で、日本が米軍に対して後方地域支援をするというかたちでの役割分担が定められたのも、日本は安全な後方地域であり、米軍の展開を支える「ステージングエリア」であるという考え方が前提になっています。

しかし、北朝鮮が②の中距離核ミサイルをすでに配備していることで、日本は安全な後方地域ではなくなりました。今や、**朝鮮半島有事の際には日本も攻撃される可能性が高まっている**のです。

具体的には、北朝鮮は「日本政府が米軍や米韓同盟を支援するならば、東京に核ミサイルを撃ち込むぞ」と脅すことができるようになりました。「東京に核ミサイルを撃ち込まれたくなければ、在日米軍基地の使用を拒否しろ」といった要求ができるのです。ここで日本政府が屈してしまえば、朝鮮半島と日本列島は戦略上分断され、米軍と韓国の切り離しにも成功します。ただしそれは、韓国を見捨てるということですし、また、戦後の日米同盟の継続が難しくなる可能性が高くなります。

そう考えると、以前と違い、**朝鮮半島有事の際に日本列島がリアルな戦場になる可能性が高くなっており、そのリスクと向き合いながら政策を決めなければならない**ということでもあるのです。

もはや「挑発」ではない、兵器としての核

こうした情勢の変化は、北朝鮮が金正恩体制になってから加速しました。金正日政権のときには核実験やミサイル発射実験技術の開発があまり進んでいませんでしたが、金正恩政権になって大きく前進したのです。

その理由として、金正恩がものづくりの難しさを直感的にわかっているのではないかということが挙げられます。

金正日政権のときは、実験して失敗すると、責任者が処罰されていました。処罰されるとなると、おいそれと実験することができませんし、実験できなければ問題点がわかりません。当然、新しいものの開発は停滞してしまいます。

ところが金正恩政権になってからは、失敗は成功の糧であるという姿勢になり、失敗しても責任者は罰されなくなったといわれています。

むしろその失敗をきちんと検証して次に活かせ、ということをはっきり言う

ようになっています。ミサイルを撃つ数が増えたのもこれが理由で、数を撃つことによって問題点を洗い出していくようになりました。それが功を奏して、特にミサイルの技術開発が急激に進んだのです。

北朝鮮がミサイルを撃つと「挑発」といわれますが、もはや挑発でも何でもありません。挑発というのは、自らの力を示す政治的なメッセージであり、ときには実力以上に見せるためのブラフ行為です。しかし今の北朝鮮のミサイル発射は、**兵器として完成したものを実戦で使うために訓練している**ことが多くなっています。

ですから、核開発の外交カード論と同様、ミサイル発射を外交的あるいは政治的な文脈だけで読むべきではないのです。

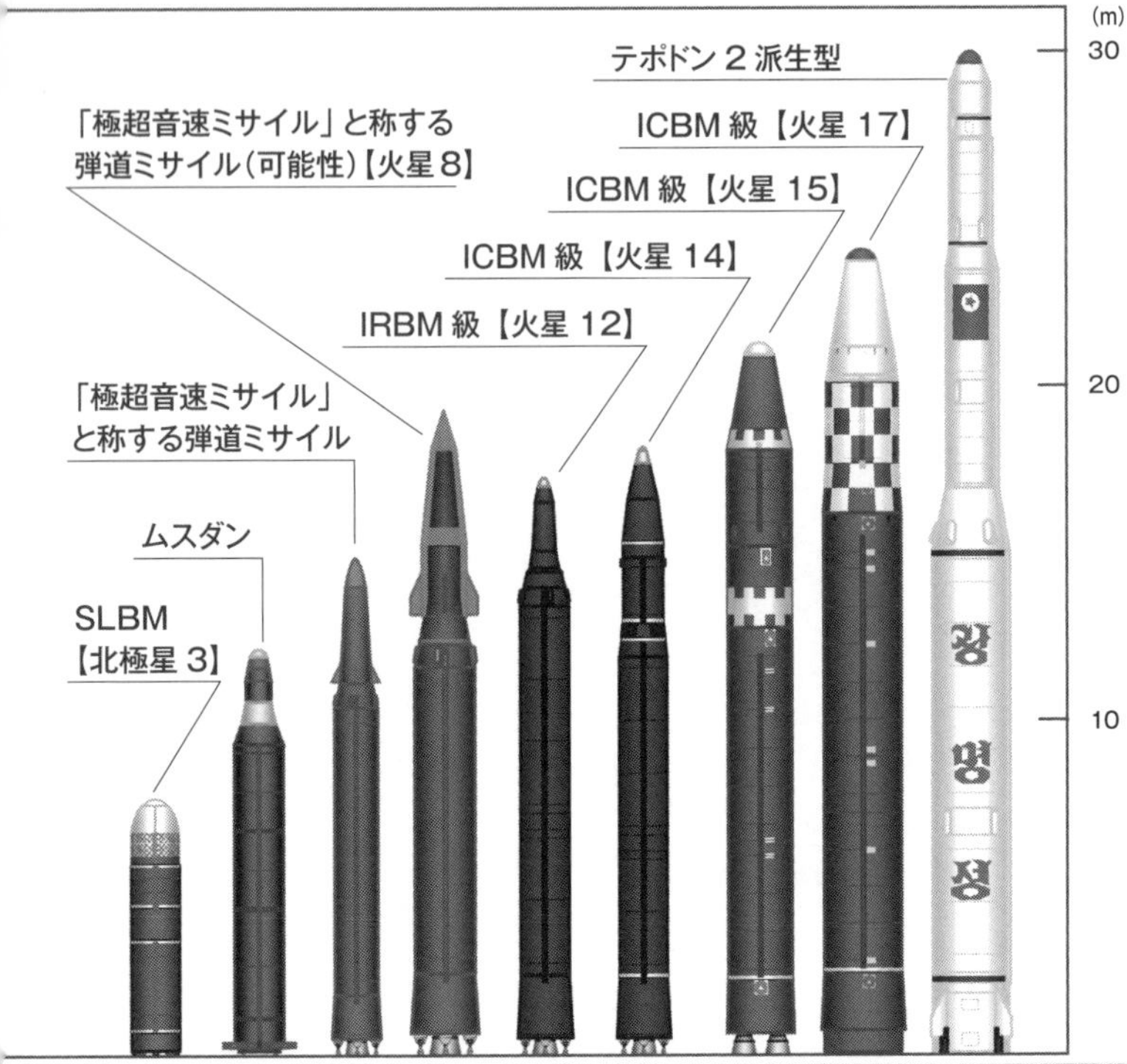

	約2,000km	約2,500~4,000km	−	−	約5,000km	5,500km以上	10,000km以上	15,000km以上	10,000km以上	射程
	固体2段式	液体1段式	液体1段式	液体1段式	液体1段式	液体2段式	液体2段式	液体2段式	液体3段式	燃料段式
	潜水艦	移動式発射機(TEL)	移動式発射機(TEL)	−	移動式発射機(TEL)	移動式発射機(TEL)	移動式発射機(TEL)	移動式発射機(TEL)	発射場	運用

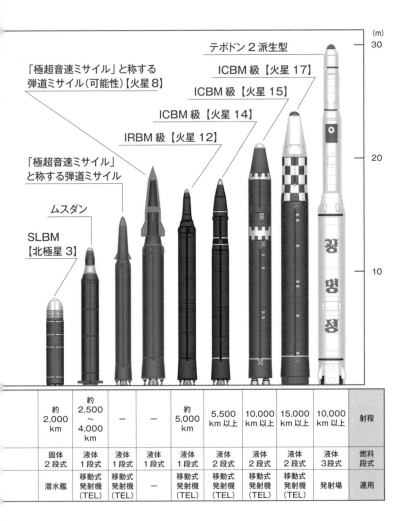

北朝鮮が保有・開発してきた弾道ミサイル等

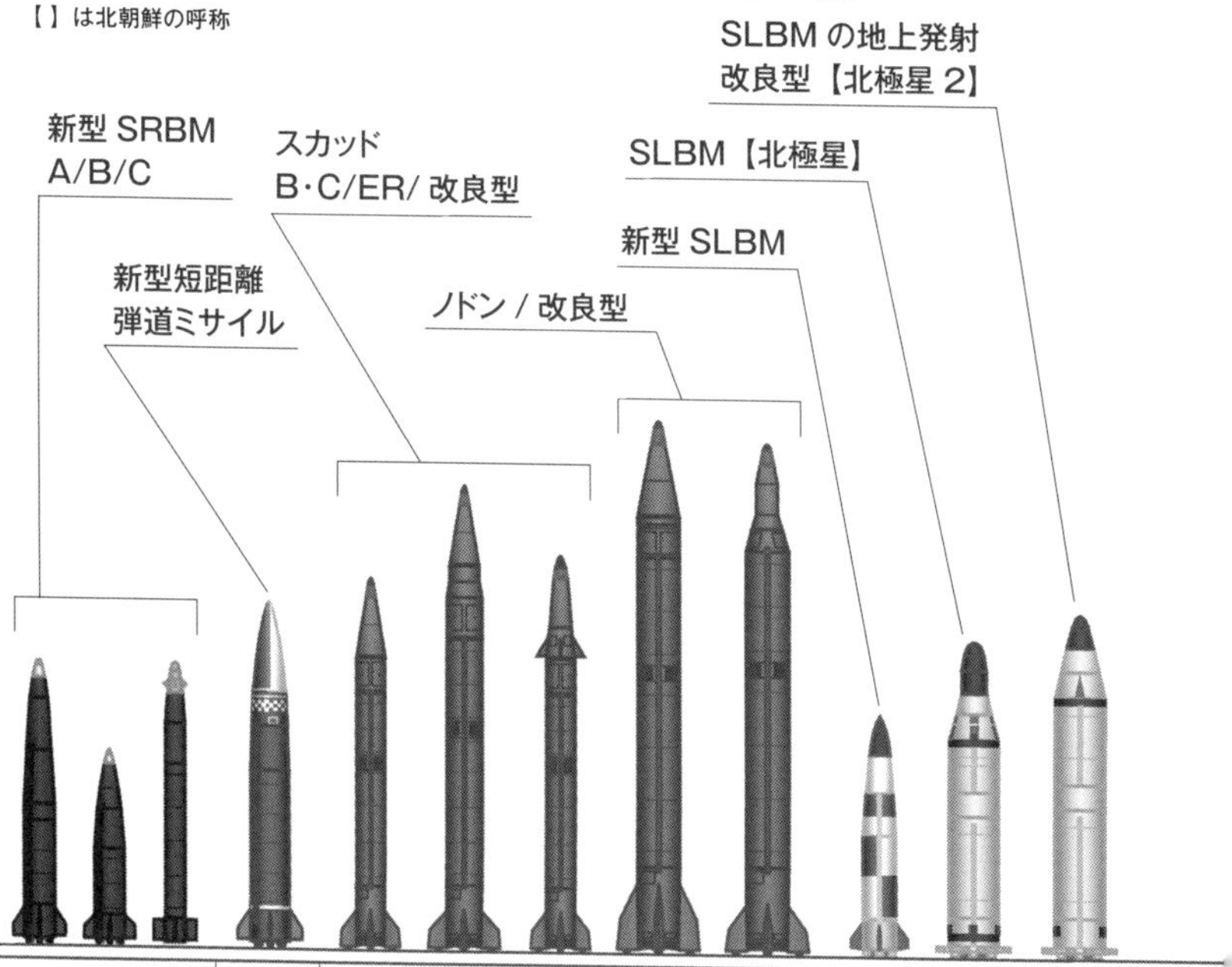

約 600km/ 約 400km/ 約 400km	約 600km	約 300km/ 約 500km/ 約 1,000km/ 分析中	約 1,300km/ 1,500km	約 600km	1,000 km 以上	1,000 km 以上
固体 1 段式	固体 1 段式	液体 1 段式	液体 1 段式	固体 1 段式	固体 2 段式	固体 2 段式
移動式発射機 (TEL)	移動式 発射機 (TEL)	移動式発射機 (TEL)	移動式発射機 (TEL)	潜水艦	潜水艦	移動式 発射機 (TEL)

『防衛白書』(2022 年度版・防衛省)のデータを基に作成

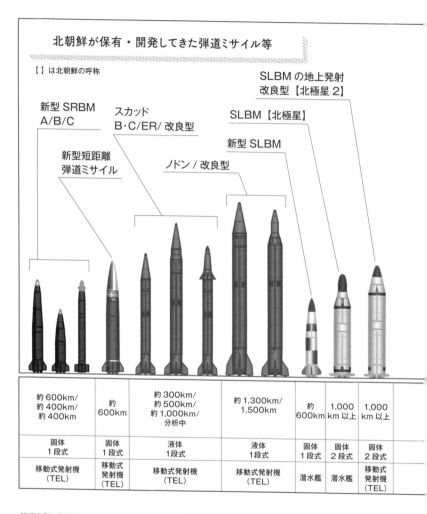

知って
おくべき!

同盟国として頼れるアメリカだが、失敗しないわけではない

東アジアを政治的な部分で見ると、冷戦期からけっして平和な地域だったわけではありません。

1950年には朝鮮戦争が起こっていますし、60年代からはベトナム戦争が起きています。ただ一方で、冷戦が終わって以降は、朝鮮半島や台湾という火薬庫を抱えながらも、新たな戦争には発展していません。他方、ヨーロッパに目を転じてみると、冷戦が終わった後、ユーゴスラビアの内戦があり、コソボ空爆があり、ロシアのジョージア侵攻があり、現在のウクライナでの戦争があります。

ヨーロッパは安保協力が進んでいて、アジアのほうが遅れているとよくいわれますが、30年で4回も戦争をやっている地域の安全保障システムが成功して

いるとは言えません。結果から見ると、アジアのほうが平和なのです。我々のほうが遅れているなどと思う必要はまったくありません。

では、なぜこれだけ多くの問題を抱えていながら、少なくとも今日まで東アジアでは戦争が起きていないのでしょう。

その一番大きな背景とは、アメリカの同盟システムがうまく機能していることです。

安定化要因としての同盟システム

ヨーロッパは、NATO（北大西洋条約機構）という1つの巨大な同盟を構築しています。

2023年7月の時点では31カ国ですが、それだけ同盟国があると、満場一致で物事を決めるのはそう簡単なことではありません。

参加国がいずれも民主主義国家であるため、選挙の前などは難しい政治決断

アメリカと東アジア諸国のハブ&スポークの関係

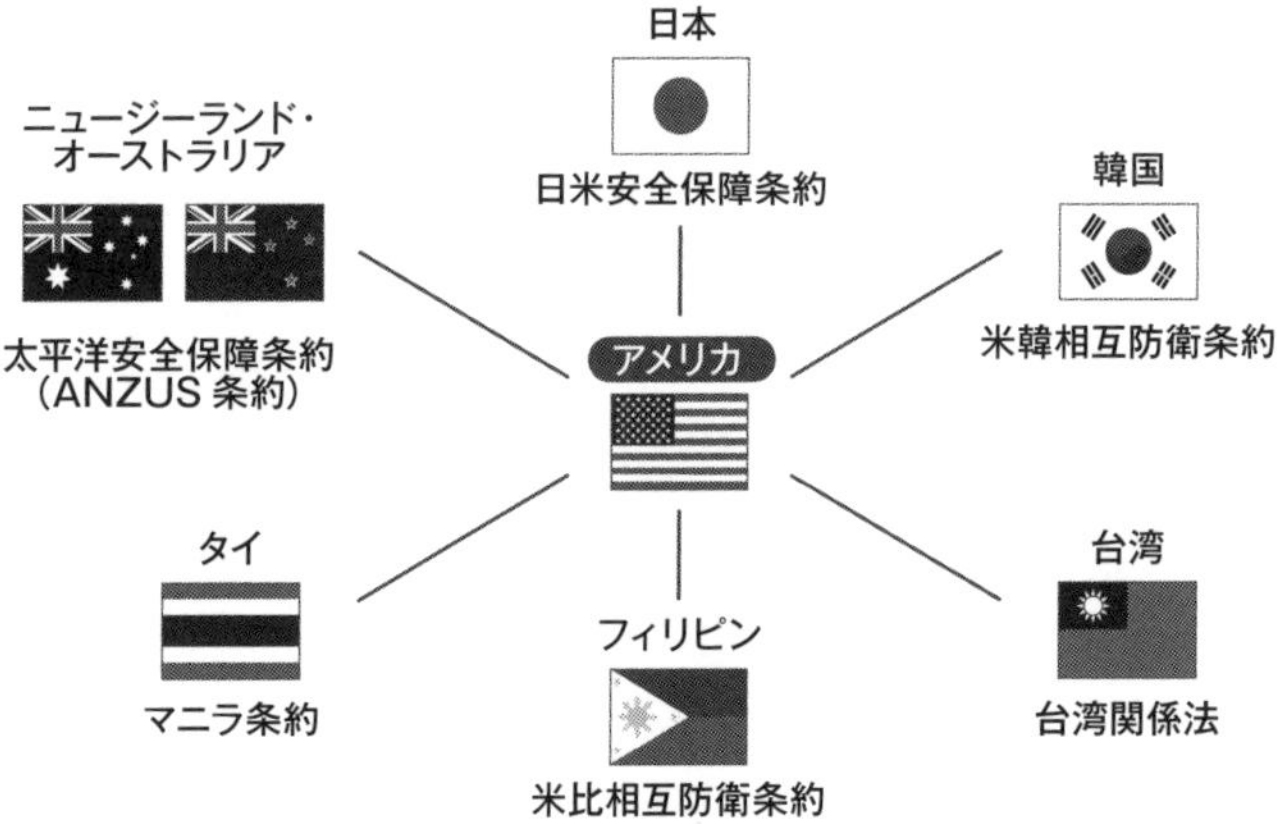

ができないというケースがよくあるものです。これが31カ国もあると、毎月どこかで選挙をやっていることになりますから、なかなか加盟国の足並みを揃えることができないわけです。

ところがアジアでは、そういった巨大な同盟はなくて、**代わりにアメリカを中心としたいくつもの二国間同盟が存在**しています。自転車の車輪のように中心と外周がそれぞれつながっている状態なので、**ハブ&スポーク**と呼んでいます。ここに日米同盟があり、米韓同盟があり、フィリピン、タイ、オーストラリア、ニュージーランドなどが含まれます。東アジアはこのハブ&スポークのみで、全体を1つにまとめる同盟がないため、アジアは遅れていると指摘されることがあるわけです。しかし、1つの巨大な同盟を持つヨーロッパで戦争が多発し、他方でハブ&スポークしか存在しない東アジアで戦争が起こっていないわけですから、けっして遅れている、劣っているというわけではないのです。むしろハブ&スポークだからこそ、問題ごとに対応をファインチューニングすることができると言えるでしょう。

たとえば朝鮮半島に対しては、米韓同盟を中心に対応し、東シナ海については日米同盟ですね。台湾についてはアメリカと台湾の関係プラスαで日米同盟が関わり、南シナ海についてはアメリカとオーストラリアにフィリピンを加えた形で、課題ごとに対応をデザインできます。

もし東アジア全体が1つの同盟を組んでいるとしましょう。すると、南シナ海の問題になぜ韓国が関わらなければならないのかということになるでしょうし、朝鮮半島に対してあまり関連がないタイやフィリピンなどの国々が協議に加わっても、動きから機動性が失われてしまいます。そういう意味で、二国間同盟の束であるからこそ、いくつもある問題をちゃんと抑止することができているわけです。

同時に、アメリカ自身の軍事的優位が揺らいでいることはこれまでに触れてきた通りです。そういう意味でも、アメリカを絶対的なハブとして捉えることはできなくなってきています。

そしてもう1つ、**歴史的に見て、アメリカが大きな戦争の抑止にしばしば失敗している**ことも念頭に置いておかなければなりません。

アメリカのトゥー・レイト・トゥー・マッチ問題

歴史を振り返ると、アメリカが大戦争を抑止することに失敗したことは何度もあります。

たとえば、1950年の朝鮮戦争。北朝鮮の南進以前、アメリカはアチソン・ラインという線を宣言し、アリューシャンから日本列島、琉球、台湾からフィリピンまでのエリアを防衛エリアに設定していました。

しかしここに、なんと朝鮮半島が含まれていませんでした。

これに目をつけたのが、北朝鮮の金日成です。朝鮮半島が防衛対象でないなら南進してもアメリカは介入しないと考え、38度線を越えて侵攻したのです。実際に侵攻が始まってからアメリカはあわてて対応し、大軍を送り込みます。しかし、アチソン・ラインの引き方に次第で、この戦争は防げたのです。

こういう失敗は、比較的近年にもありました。1990年の湾岸戦争です。

この直前、イラクのフセイン大統領は当時の駐イラク米大使に、クウェートに侵攻した場合のアメリカの対応について探りを入れていました。しかしアメリカは明確な判断を示さずにいたので、フセイン大統領はアメリカから黙認の約束をとりつけたと解釈してクウェート侵攻を決意し、実行に移します。そこでアメリカは大軍を派遣し、湾岸戦争に至りますが、この戦争も最初からはっきりした態度を見せていれば防げたのです。

こうした抑止の失敗とその後の反応を、筆者はアメリカのトゥー・レイト・

トゥー・マッチ問題と呼んでいます。抑止できる相手なのに逡巡している間に対応に遅れて抑止に失敗し、引き返しようのない事態に突入してからトゥー・マッチで介入していく形です。アメリカがこうした失敗歴をいくつも抱えている国だということも、わたしたちは考えておかなければなりません。

ここで失敗例ばかりを挙げるのはフェアではありません。しかし、**失敗するときの傾向を掴んでおくことは、それなりに有益**でしょう。

仮に中国が台湾の武力統一を行動に移したときは、やはりアメリカと武力衝突することになるでしょう。最終的にはアメリカが勝利するシナリオが想像できますが、そのときにアジアが焼け野原になってしまっていたら意味がありません。そうならないために、**いかにアメリカに最善の方法を選択させるか、アメリカが判断を誤ったときのためにどのように備えておくべきか**を、今のうちにじっくりと考えておく必要があるのです。

第2章

日本を脅かすシナリオとは

知って
おくべき!

陸海空だけが戦場ではない 戦争は戦う前から始まっている

現在進行形で続くウクライナの大規模な戦争から、**現代の戦争は陸海空だけが戦場ではない**ということが、はっきりと見えてきました。科学技術の進化とともに、**単なるハイテク兵器だけでなく、宇宙&サイバーが戦場を構成する要素に加わってきた**のです。

宇宙空間にもサイバー空間にも人は住んでいません。物理的に存在しないのですから、争奪戦は起こりません。あくまで国と国が奪い合うものは、陸海空という現実世界にあります。しかしそこで戦う上で、宇宙とサイバーが必要になってきたわけです。「宇宙」「サイバー」という2つのワードを持ち出しましたが、これはまったく異なる2つの要素ではなく、関連した大きな1つの要素と捉えたほうがいいでしょう。

たとえば、ウクライナ戦争で有名になった、「スターリンク」という衛星があります。あれは何千もの衛星をつないで、地上から各種ネットワークやインターネットをつなぐシステムで、〝コンステレーション（「星座」という意味）〟と呼ばれます。

かつては通信衛星といえば、地上3万6000キロの静止軌道にごく少数だけが打ち上げられていたので、物理的に衛星を破壊し、通信を阻害することができました。しかし、スターリンクのように低軌道の衛星が数千個あると、すべてを破壊するのは不可能です。そこで、通信妨害するならサイバー攻撃、ということになります。ですから、宇宙空間が物理的な戦場になるのではなく、宇宙空間に対してサイバー攻撃が行われるというかたちになるわけです。

同じ塹壕戦でも背景はガラリと変化

少し前までは、陸海空を伝統的な領域と言い、宇宙&サイバーを新領域と表現してきました。

しかし最近では、宇宙&サイバーは陸海空の作戦を支えるものなので、新領域と伝統的領域を統合したオール・ドメイン、つまり**「すべての領域がひとつの戦場を構成する」**という考え方が出てきました。

ウクライナでは、今も前線で第一次世界大戦の頃と同じような塹壕戦を繰り広げています。その塹壕戦にインターネットも関わっており、相手の塹壕は宇宙から見られていますし、無人機も飛ばされています。古い戦争と新しい戦争が混ざり合って、ハイテクな塹壕戦が展開しているわけです。このかたちは、これからも変わらないでしょう。

この戦争は、前述したスターリンクが典型ですが、宇宙とサイバーにおける民間サービスが軍事利用されているのが大きな特徴です。

1991年の湾岸戦争時にアメリカは宇宙の軍事利用の威力を示しましたが、2022年に始まったウクライナ戦争はそこから一歩進んで、民間で使っている宇宙技術を軍事利用したときの威力を見せつけたのです。その意味で、30年間で宇宙をめぐる情勢が大きく変わったと言えるでしょう。

ただし、この戦争ではまだＡＩが出てきていません。すでに一般生活では顔認証も当たり前になっていますし、ＣｈａｔＧＰＴなどのように、毎月のようにＡＩの使われ方が変わってきています。

しかし、戦場にまでは波及していません。たまたま２０２３年というタイミングがＡＩを戦場で使うには早かったということでしょうが、５年後ないし10年後に起こる戦争では、ＡＩが何らかのかたちで戦場に姿を現わすのではないでしょうか。

こうした技術進化は、安全保障上も大きな課題となりえます。

尖閣諸島における有事シナリオをベースに考えてみましょう。

おそらく最初に対応するのは、中国側の海警と日本の海上保安庁や警察、つまり軍隊ではなく法執行機関です。ところが、法執行機関というのは本来の相手が犯罪者（人間）ですから、国家レベルの組織的なサイバー攻撃を想定した体制にはなっていません。

その一方で、尖閣諸島に展開している海上保安庁の船は、衛星通信やGPSに依存しています。兵站システムで言うなら、石垣島で燃料や食糧などを補給しますが、それらを供給してくれる民間事業者もネットに依存しています。

それらの**情報インフラが体系的な国家レベルのサイバー攻撃を受けた場合、海上保安庁や警察は自衛隊よりも脆弱である可能性**があります。本来想定されていないような攻撃に晒されたら、あらゆる混乱と初動対応の遅れが生じると容易に想像できます。

こうしたことからも、**法執行機関の宇宙&サイバー能力の強化も、安全保障の観点から重要な課題**になってきているのです。

軍事衝突の趨勢を左右する軍事以外の3要素

もう1つ、近年の国家間対立に際して注目されているのが、**「認知戦」**という考え方です。

陸海空、宇宙&サイバーというのは、いわば戦場の話です。しかし、その具体的衝突に至るまでには、戦争に向かう意思決定という行程があります。認知戦とはすなわち、**意思決定に恣意的な影響を与えることで、戦争をさせない、戦争に至ることなく相手の政策を変えてしまう戦い方**、と解釈すればいいでしょうか。

その最たるものがＳＮＳを利用した人々の認識コントロールで、典型的な成功例としては、２０１６年のアメリカの大統領選挙に対するロシアの情報戦があります。ロシアのしかけた工作の結果としてトランプ候補が当選し、対露強硬政策をとるといわれていたヒラリー候補が落選したことで、ロシアにとっては望ましい着地点に到達しました。

別の角度から、現代の戦争における１つの大きな特徴であるＤＩＭＥという安全保障の概念についてもご紹介しておきましょう。

ディプロマシー（Diplomacy 外交）、インフォメーション（Information 情報）、ミリタリー（Military 軍事）、エコノミー（Economy 経済）の頭文字を取って**DIME**と呼ぶもので、戦争は軍事以外の3要素が綿密に結びついているということを示しています。

ウクライナ戦争のケースでは、2023年5月のゼレンスキー大統領の訪日とG7出席が典型でした。戦争が始まっても、外交は重要性を持ち続けたのです。

さらにロシア、ウクライナ双方が情報戦を展開しており、ロシアに対しては世界的な経済制裁をめぐる動きも起こっています。戦争が始まったからといっていきなり軍事がすべてを支配するのではなく、外交、情報、経済は必要であり続けることを世界に示しました。

これは、グローバリゼーションが進んだ世界における、1つの特徴でしょう。中国や台湾などは、ロシアよりも密接にグローバル経済に組み込まれていますから、もし**台湾海峡有事が起これば、さらに戦場と外の世界の関係が重要**になるでしょう。

日本は、**その前提で有事シナリオを考える必要がある**のです。

知って
おくべき!

東シナ海をめぐる武力衝突の危機 既成事実を先行させる中国の戦略とは?

中国との武力衝突には、日本との関係では2つのシナリオがありえます。その1つが東シナ海で、もう1つが台湾です。台湾のことは詳しく後述しますので、まずは東シナ海問題について見ていきましょう。

東シナ海問題には2つの要素があって、1つが尖閣諸島、もう1つがガス田です。

このうち**ガス田については、排他的経済水域（EEZ）問題とも密接**に絡んでいます。その点でたしかに大きな問題ではあるのですが、最終的には経済的な交渉で着地点を見いだすことができる可能性もあります。

そしてもう一方の**尖閣諸島は、元々の日本固有の領土に対し、台湾が後になって領有権を主張**してきたものでした。

中華人民共和国は、「台湾は中国の一部」とみなしていますから、台湾が主張すれば中国も主張することになります。そこで日中の対立事項となったのです。**前述したEEZ問題に近いエリアなので紛らわしいですが、根はまったく別のもの**です。

ただし、中国にとってあくまで本命は台湾です。尖閣諸島のためにリソースを使いすぎて、台湾に振り向ける力がなくなってしまったら本末転倒です。ですので、日本がきちんと抑止力を高めていれば、中国に「尖閣諸島を獲得するためには、実戦という高コストが生じる」と思わせることができ、理屈上は抑止ができるのです。

しかし、**〝グレーゾーン〟という難しい問題**があります。

尖閣諸島とガス田

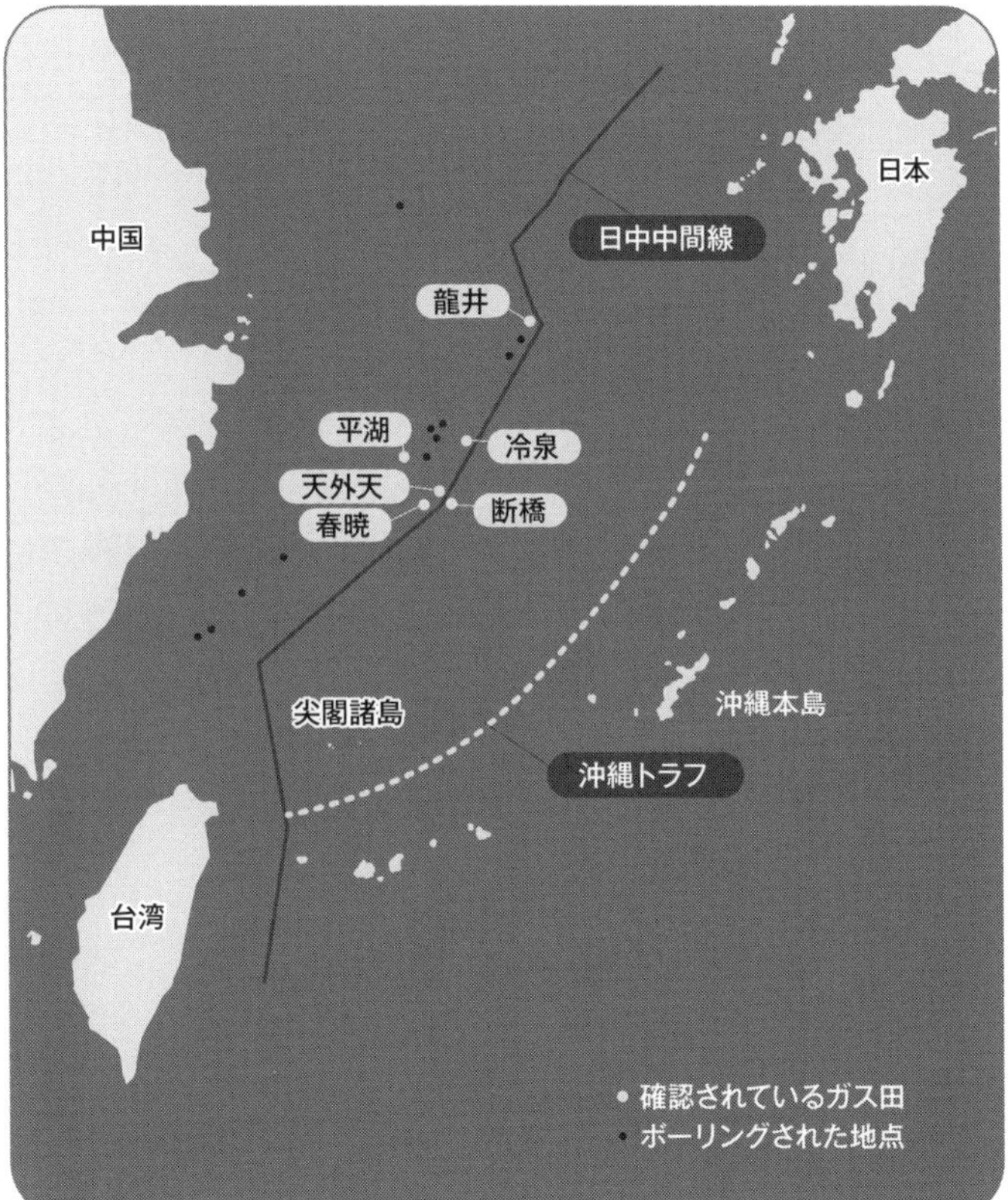

中国
日本
日中中間線
龍井
平湖
冷泉
天外天
断橋
春暁
尖閣諸島
沖縄本島
沖縄トラフ
台湾
確認されているガス田
ボーリングされた地点

グレーゾーン抑止の難しさ

グレーゾーンとは、**平時と有事の中間にある緊張状態**のことです。

安全保障上の緊張があって、お互いの沿岸警備隊や海軍、海上自衛隊が展開しているので、純粋な平時とは言えません。ただし、明らかな交戦状態ではないため有事ではない。両者の間にある状態ということで、グレーゾーンと呼ばれているのです。

問題は、グレーゾーンにおける抑止が難しいことです。安全保障論で、いくつか抑止が難しい状況が明らかになっていますが、そのいくつかがグレーゾーンに当てはまるのです。

1つめが、**「既成事実化」**です。

抑止力というのは、端的にはレッドラインを越えたら武力で反撃することを指します。しかしながら、レッドラインを越えた瞬間にネズミ捕りの罠のようにパタンと反応するわけではなく、一方がラインを越えた後、他方が反応するまで時間がかかってしまいます。そこで、まずは越えてしまって既成事実を作り、相手国が反応するまでの時間内で守りを固めてしまい、これを新しい現実として相手に受け入れさせるというわけです。いわば、**こちら側の反応の時間的ギャップを突く手法**で、抑止は簡単ではありません。

次が**「プロービング（探索行動）」**です。

ひとくちにレッドラインと言っても、厳密な境界線や物理的な壁があるわけではありません。

そこで、どこまでなら相手が反応してこないのか、どこまで進めば虎の尾を踏むことになるのか、それを探るために侵略側は意図的にレッドラインの近くへの進入と撤退を繰り返します。

そして明らかにレッドラインだとわかったら、そこで引き上げるのです。これが探索行動で、**レッドラインのすぐ下くらいで現状を変えようとする**場合には抑止できません。

3つめは、**「コントロールされたプレッシャー」**と呼ばれるものです。

これは**外交的、経済的な圧力をかけてレッドラインを上げさせる**やり方で、制御された圧力という意味で、この名で呼ばれます。

こういった行動を抑止するのは困難だということが明らかになったのは1970年代後半ですが、いまだに有効な解決策は見いだされていない状態です。事実、現在の東シナ海や南シナ海ではグレーゾーン特有の中国の行動が多く見られ、フィリピンのスカボロー礁の実効支配に乗り出した姿勢は既成事実化の手法ですし、2012年以降の尖閣諸島周辺に政府公船を継続的に派遣しているのは、探索行動のようなものです。レアアースの輸出禁止、フィリピンからのバナナ購入中止などは、コントロールプレッシャーで相手のレッドラインを上げさせるためのものですね。

このグレーゾーンにおける挑戦のことは、**〝サラミ戦略〟**とも呼ばれます。薄く既成事実を積み重ねていくことで現実を変えていくという手法です。

この**サラミ戦略の厄介なところは、元に戻すのが難しい**ということです。

中国海警局の船舶などの尖閣諸島周辺における活動状況

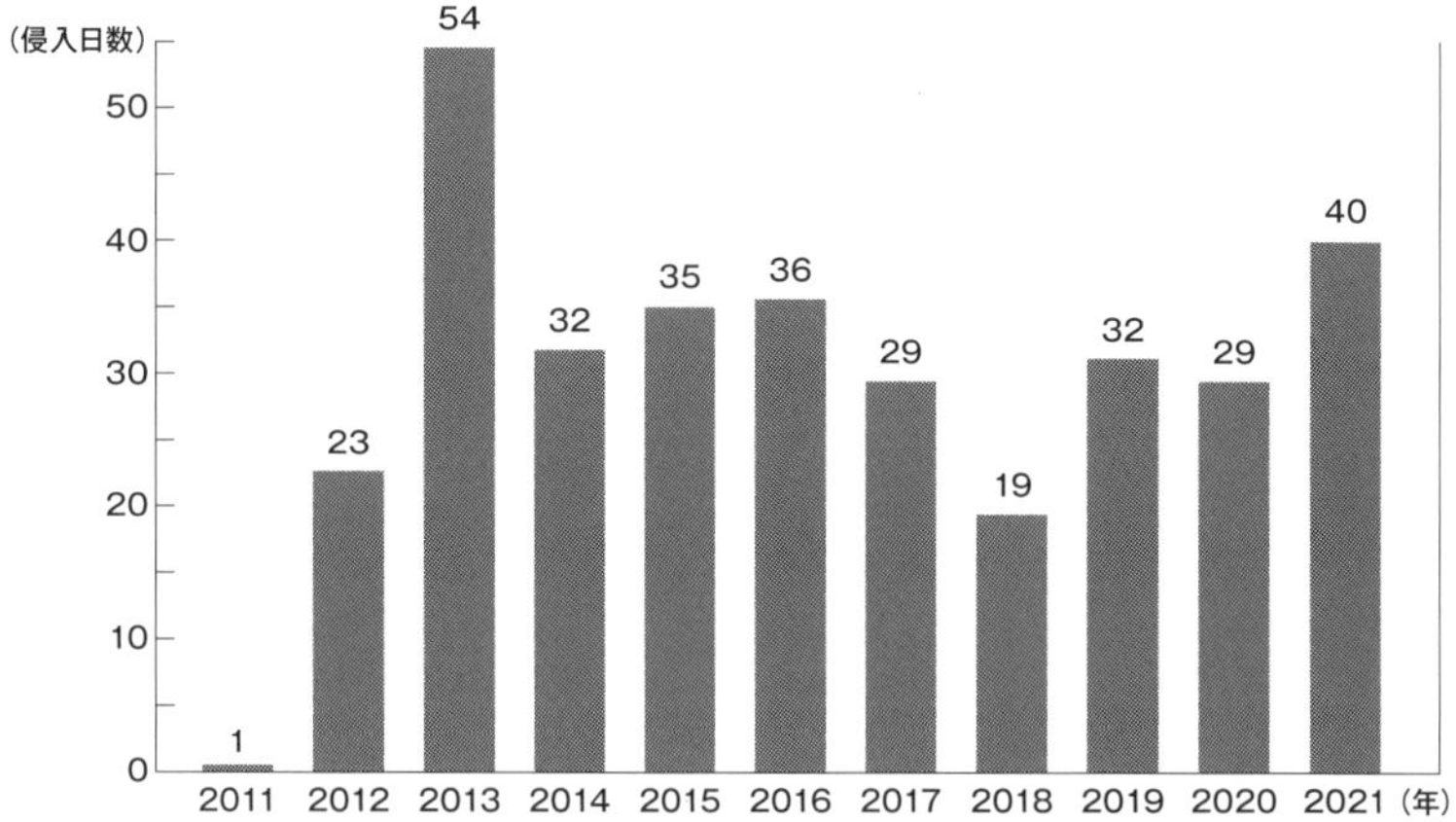

『防衛白書』（2022 年度版・防衛省）のデータを基に作成

抑止というのはそれ以上事態が悪くなるのを防ぐために行われるものであり、すでに変えられたものは元に戻せないのです。

サラミの例でいえば、ちょっと下品なたとえですが、スライスされたサラミを食べてしまった後に元に戻すためには、食べられたサラミを吐き出させて元のサラミバーにくっつけなければなりません。これを現実世界に当てはめるなら、もはや抑止ではなく武力解決の次元の話になってしまいます。奪われた島を取り返すには、攻め込んでいくしかないのです。

ですから、グレーゾーンにおける抑止がありとあらゆる意味で難しい以上、向こうがサラミを切るならこっちもサラミを切るぞ、という姿勢を見せるかたちが有効かもしれません。

理論上、この問題はすべて抑止できないとされているものなので、これをどう抑止するかというのは、非常に難しい問題なのです。

尖閣諸島有事のシナリオ

日本では、2010年に発表された防衛大綱で、**動的抑止**という概念を示しました。具体的には、東シナ海域周辺でのISR（警戒・監視・偵察）を増やし、日本側には隙がなく、何をしてもこちらは把握できると中国に教えることで、既成事実化や探索行動が難しくなることを狙ったものだと考えられます。

ところが、2012年の尖閣国有化を口実とし、中国は政府公船を継続的に送り続け、領海や接続水域に侵入してくるようになりました。このー連のプロセスの中で、日本側は物理的な隙を一切見せていません。しかし中国は尖閣諸島を諦めるのではなく、現状変更のギアを一段上げてきたのです。

そのため2013年の防衛大綱では、グレーゾーン抑止をどう立て直すかが大きなテーマになりました。そこで示された方針は、相手が行動レベルを上げたら、こちらも行動レベルを上げるという明快なものでした。

これはFDO（Flexible Deterrent Options）というもので、相手の行動に合わせてこちらも自衛隊の訓練や事前展開、日米共同訓練などを実施することで、相手のエスカレーションにしっかりついていって抑止するという方法論です。

尖閣諸島について懸念されるシナリオは、武装漁民が上がってきて、そこから軍事的な衝突にエスカレートしていく、というものです。

一方で、中国の本命は台湾ですから、それに先立って尖閣で無用なリスクを冒そうとするとは思えません。リスクフリーなら話は別ですが、こちらが隙を見せなければ無闇に攻めてくることはないでしょう。それだけ、こちらが対策をきちんと作っていくことが大事だということです。

ただし、**台湾海峡有事が起こった際に、中国軍が同時多方面展開で尖閣占有行動に出る可能性**は捨て切れません。

排他的経済水域をめぐる日中両国の主張

ここで話を、ガス田と排他的経済水域（EEZ）の問題に戻します。

海に面した世界中の国家は、自国領土（島嶼を含む）の海岸線から200海里までが排他的経済水域として国連海洋法条約により認められています。200海里より先が、どの国にも属さない公海です。

しかし、この200海里というのはけっこうな距離で、海は広いと言っても、近隣の国との間に双方が200海里を確保できないケースがしばしば見られます。東シナ海を挟んで向かい合う日本と中国の関係も、これに当たります。

このようなケースでは、「衡平」の原則に基づいて両国間での話し合いによって排他的経済水域を設定します。当然、日本と中国の間でも何度となく話し合いの場が持たれてきました。

しかし、いまだに明確な決着を見ていません。**日本は中国大陸と日本の海岸線からの中央で線を引いて排他的経済水域を設定**しようと主張しています。地図上の中間に線を引く形です。

一方で**中国は、海面下の大陸棚まで中国大陸の一部であるという解釈で、より広い範囲の排他的経済水域を主張**しています。そして双方が提唱する基準についての合意が得られていない現状です。

そしてここに、ガス田という別の要素が加わることで、話がややこしくなってしまいました。ちょうど双方が主張する排他的経済水域の重なる範囲とその周辺に、いくつもの優良なガス田があるからです。

そして中国は、EEZの境界線が画定されていないのにガス田の採掘を始めており、両国の緊張要因となっているのです。

中国がガス田を掘っているのが中間線の向こう側だからいい、という話ではありません。東シナ海については、全体が排他的経済水域としては画定されていないので、現状ではどこであっても勝手に開発してはいけないというのが、本来のあるべき状況です。

2022年の夏にペロシ米下院議長が訪台したとき、中国が威嚇行為として日本の排他的経済水域にミサイルを落としました。これには、**中国は日本の排他的経済水域の主張を認めていないというメッセージが含まれている可能性**があります。

北朝鮮はミサイル発射実験で何度か日本の排他的経済水域にミサイルを落としていますが、これは日本のEEZを否定しているのではなく、単に「落ちてもいいでしょ」と思っているだけです。

しかし中国の場合は、日本の排他的経済水域の主張自体を否定するために撃ったので、より悪質な行為とも言えるでしょう。

排他的経済水域（EEZ）と中国が主張する境界線

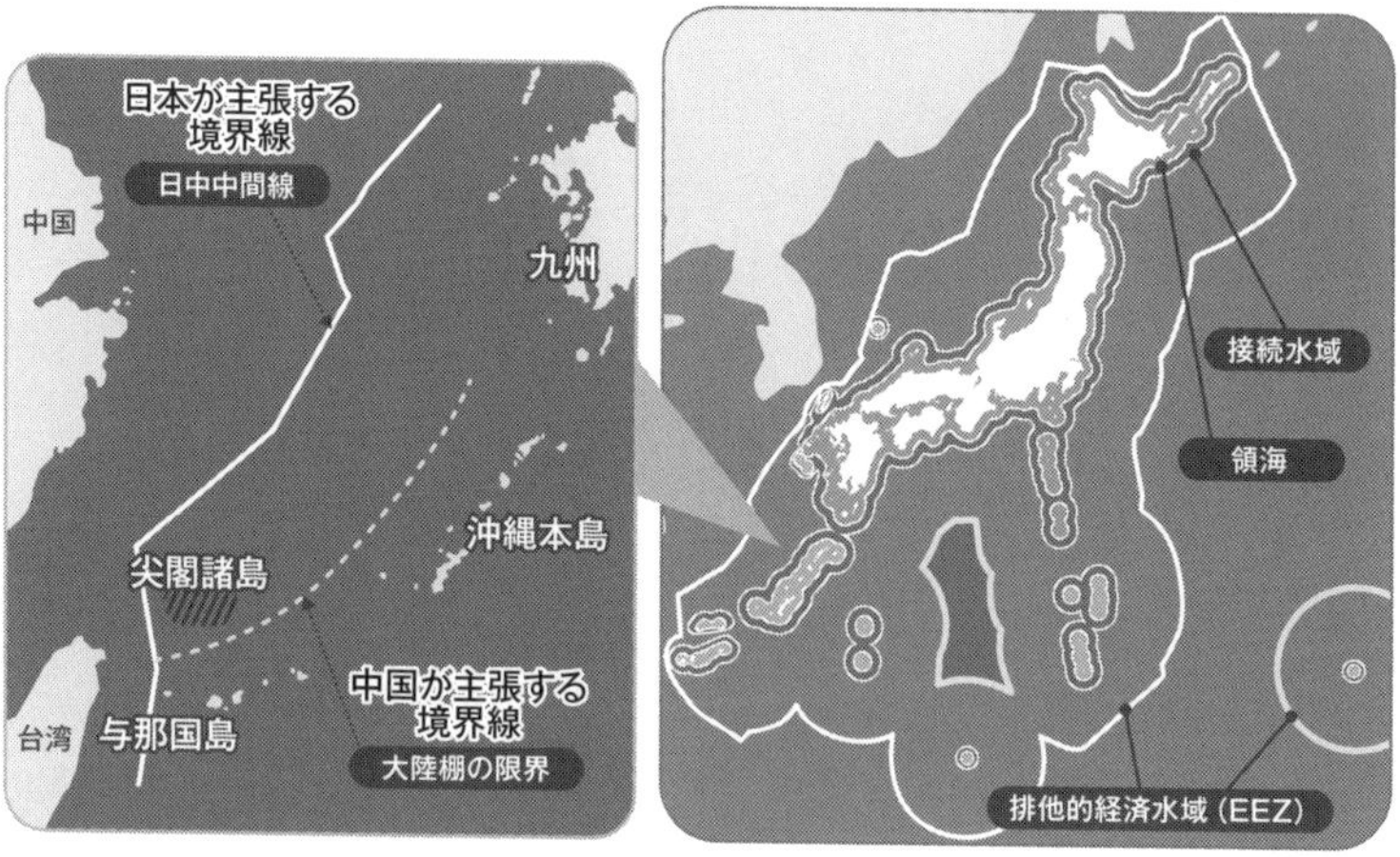

■ 領海・排他的経済水域（EEZ）等模式図

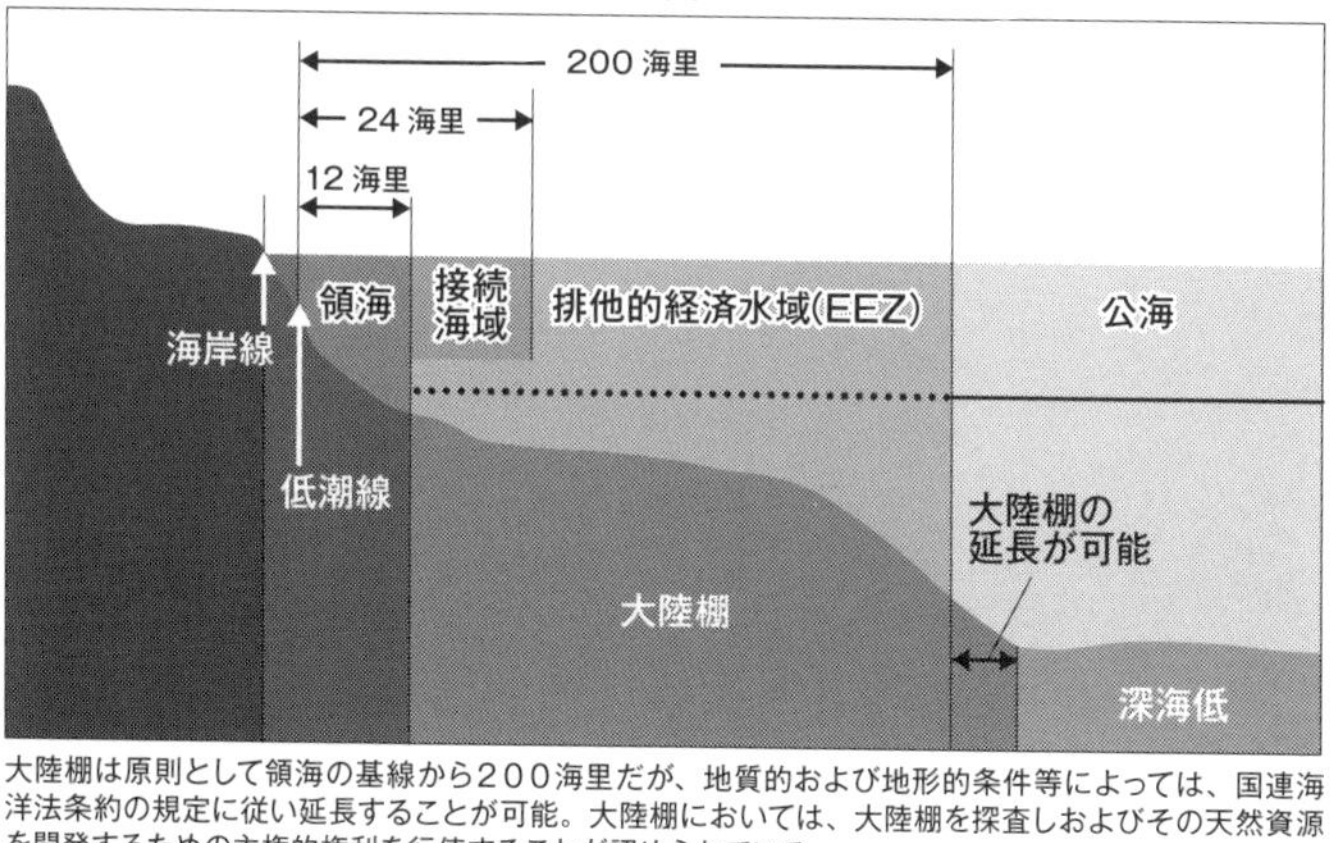

大陸棚は原則として領海の基線から２００海里だが、地質的および地形的条件等によっては、国連海洋法条約の規定に従い延長することが可能。大陸棚においては、大陸棚を探査しおよびその天然資源を開発するための主権的権利を行使することが認められている。

海上保安庁ホームページの資料を基に作成

知って
おくべき!

台湾有事で想定される2つのシナリオ そのとき日本は選べるのか？

台湾有事については、大きく分けて2つのシナリオがあるといわれています。**中国は、アメリカへの攻撃を回避して台湾攻撃だけに集中するのか、それとも最初にアメリカを攻撃するのか**、です。

これは非常に大きな選択になります。

第1のシナリオとして、アメリカをできるだけ切り離すということであれば、最初は米軍は攻撃せず、台湾だけを攻撃するでしょう。その前段階として台湾を海上封鎖して、そこから台湾を降伏させるなり、上陸していくという展開が考えられます。

第2のシナリオは、米軍への先制攻撃を含む可能性が高くなります。中国が台湾と事を構えれば、最初はアメリカを攻撃しなかったとしても、アメリカ本土や大西洋側で展開している残りの5割の米軍（第1章44ページ参照）が東アジアに押し寄せ、アメリカは準備万端整ったところで攻撃してくる公算が高まります。

いずれアメリカとも事を構えるなら、全戦力が集結する前に東アジアに展開している5割を叩いて戦力を削っておこう、と考えるのが軍事的に合理的です。ですから**2つのシナリオのうち、対米先制奇襲が選択される可能性**は低くありません。

対米先制奇襲の可能性を無視できない理由は、もう1つあります。中国は確実に、ウクライナ戦争から学んでいるのです。

今回、米軍はウクライナ軍の戦闘には参加していませんが、情報の提供や武器の供給などで、戦況に大きく影響しています。これがなければウクライナ軍はすでに負けていてもおかしくありませんでした。直接参戦しなくても、アメリカはここまでのことができるわけです。

台湾に対しても、有事の際には同じ支援を展開するかもしれません。そう考えると、やはり最初に叩いたほうがいいという結論に達するでしょう。

台湾有事が発生した場合にどういう状況になるかというと、どちらのシナリオでも中国はおそらく航空優勢をとれるので、上陸作戦は可能です。

しかし、本題はここからです。

歴史的に見て、敵対的な国を占領するには人口50人あたりに1人の兵士が必要だといわれています。上陸作戦はできても、台湾の人口が約2000万人ですから、台湾全土を制圧するためには40万人の兵力が必要という計算になります。

中国陸軍は強大ですから、十分に40万人の兵力を用意することができます。しかし40万人もの大軍を台湾まで渡らせるのは至難の業で、現実的に上陸できる兵力は10万程度でしょう。

ですから、台湾全体を占領するのは難しく、地上戦が続くことになるでしょう。そこに米軍がどのタイミングで介入してくるのか、どのように介入してくるのか、米軍の地上兵力の投入があるのかなど、勝敗を決めるいくつもの分水

中国の軍事力

総兵力		約204万人
陸上戦力	陸上兵力	約97万人
陸上戦力	戦車等	99/A型、96/A型、88A/B型等 約6,200両
海上戦力	艦艇	約750隻 約224万トン
海上戦力	空母・駆逐艦・フリゲート	約90隻
海上戦力	潜水艦	約70隻
海上戦力	海兵隊	約4万人

航空戦力	作戦機	約3,030機
航空戦力	近代的戦闘機	J-10（548機） Su-27/J-11（329機） Su-30（97機） Su-35（24機） J-15（50機） J-16（172機） J-20（50機） 第4・5世代戦闘機 合計：1,270機
参考	人口	約14億600万人
参考	兵役	2年

『防衛白書』（2022年度版・防衛省）のデータを基に作成

嶺があります。

そうした不確定要素を少しでも排除しておくため、**中国は台湾上陸前に東アジアに展開する米軍に攻撃を行う可能性が高い**と考える向きがあります。

米軍が攻撃対象となるだけで、日本にとっては重大事と言えるでしょう。

台湾有事が現実になれば、日本も苦しい選択を突きつけられることになってくるのです。

台湾有事における日本の選択

前述した2つのシナリオとも、そのとき日本が関与するのかどうかという点が大きな問題になってきます。しかし、**そもそも日本は台湾有事に関与する、しないを選べる立場なのでしょうか。**

中国が日本の基地を攻撃した場合や在日米軍基地を攻撃した場合、日本は否応なく戦うことになります。

誤解されることがありますが、**在日米軍基地は治外法権ではなく、日本の領土です**。そして日米安全保障条約上、日本の領域内において日米どちらか一方に攻撃がなされた場合には、両方に対する攻撃であるとみなします。つまり、**在日米軍に対する攻撃は日本に対する攻撃**なのです。

在日米軍基地が攻撃されれば、日本は否応なく戦争に巻き込まれることになります。ですから、**日本が戦争に関わるかどうかを決めるのは日本自身ではな**

く、**実は中国なのです。**

選択の余地が残されているとしたら、それは最初に中国が米軍を攻撃しないときだけです。

ここで台湾有事に介入するのかしないのか、するとしたらどのような手段を用いるのかを考えることになりますが、結局は米軍が介入すると決めれば求めに応じて支援するということになるでしょう。

逆にアメリカが態度を明らかにしない段階で、日本が独自介入することはまずありえません。

ただし、アメリカの中には、「台湾が中国の手に落ちて困るのは日本でしょう。日本が困るのに、なんで日本が戦場に行かないの？」という意見が出てくるかもしれません。

台湾が陥落したとしても、アメリカ本土に侵略があるわけではないですから、なぜ自国民の命を賭して、消極的な日本の肩代わりをしなければならないのか、というわけです。

つまり**台湾人の一部とアメリカ人の一部は、台湾有事が起こったとき、自衛隊が台湾で戦うと思っている**のです。

一方で私たちは、何が起こっても自衛隊が台湾で戦うことはないと思っています。

しかし、そう思っているのは日本と日本にごく詳しいアメリカ人だけ。あまり世界の常識にはなっていないので、そのあたりの誤解は解いておいたほうがよさそうです。

台湾有事は「負けられない戦争」になる

台湾有事というのは、おそらく非常に難しい戦争になります。

中国が台湾に上陸することは可能でしょう。

ただし、台湾全土の占領には至らない。その段階でいったいどこに停戦の糸口を見いだすのでしょうか。

日米安保条約が示す日米同盟の考え方

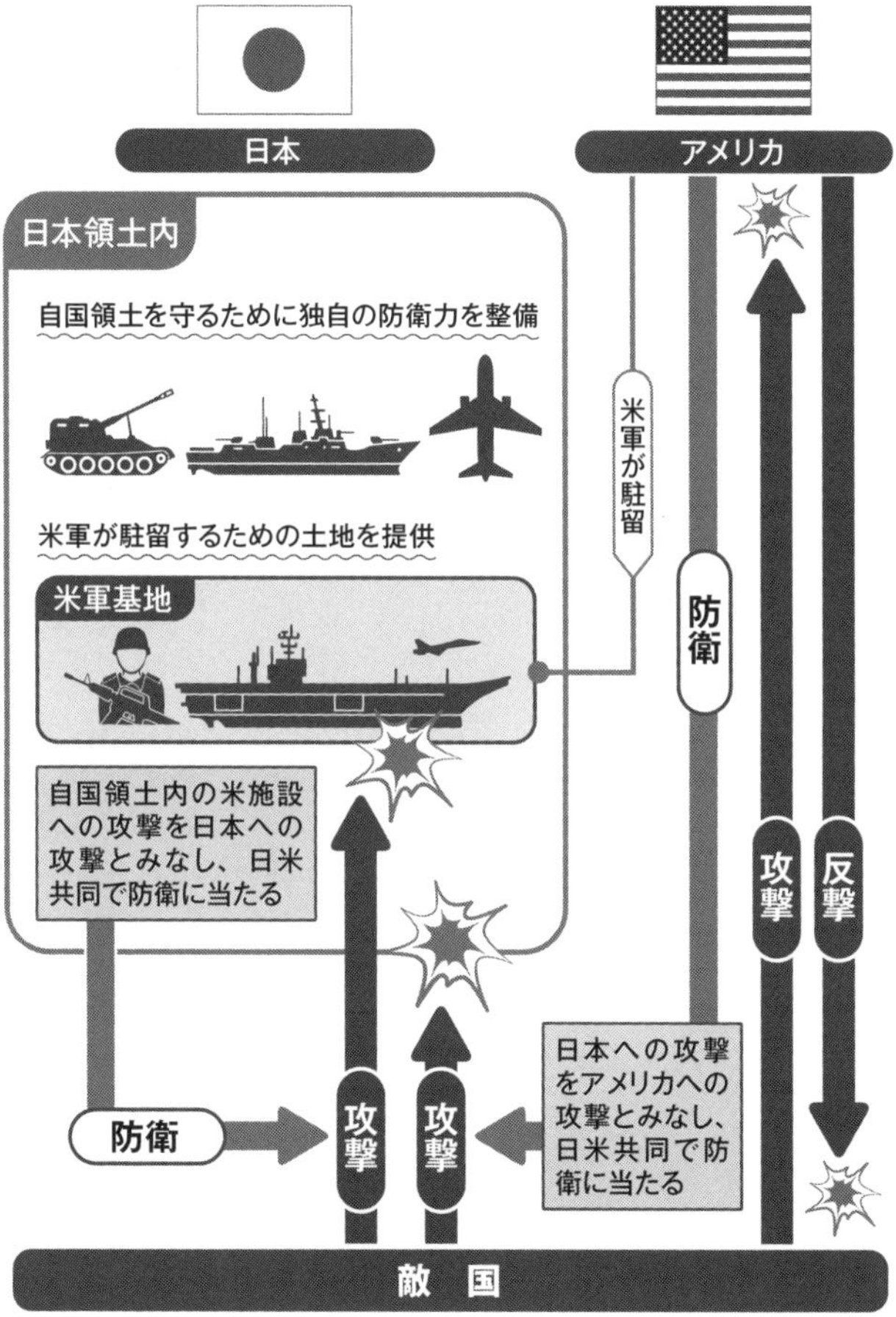
日本
アメリカ
日本領土内
自国領土を守るために独自の防衛力を整備
米軍が駐留するための土地を提供
米軍基地
米軍が駐留
防衛
自国領土内の米施設への攻撃を日本への攻撃とみなし、日米共同で防衛に当たる
攻撃
反撃
防衛
攻撃
攻撃
日本への攻撃をアメリカへの攻撃とみなし、日米共同で防衛に当たる
敵　国

中国共産党からすると、台湾有事は始まったら負けられない戦争です。負けたら中国共産党の統治体制の正当性そのものがひっくり返りかねないのですから、当然です。

同様に、アメリカにとっても負けられない戦争になります。台湾海峡でアメリカが負けるようなことがあれば、アメリカは世界の覇権的な地位、世界で一番影響力のある大国としての地位を中国に譲り渡すことになりかねないのです。

もちろん、そこを割り切って退いてしまうという選択肢もありますが、今のアメリカの立場を続ける限りは負けられません。

もう1つ、具体的な停戦のプロセスを考えていったときにも、負けられない戦争の姿が浮かんできます。

先制奇襲シナリオで米軍が介入したとしましょう。戦争が起こり、何万人もの台湾の民間人と何千人ものアメリカ兵が亡くなるかもしれません。

それだけの犠牲を出して中国と戦った後で、現在の対中外交の基本原則となっている〝ひとつの中国〟を維持するかたちでの停戦がありえるでしょうか。

アメリカは台湾と一緒に戦って、それだけの犠牲を出した後もなお、「台湾はまだ国じゃない、正当な中国は中華人民共和国」という姿勢を維持することは政治的にできないでしょう。

その一方で、**アメリカが〝ひとつの中国〟という原則を捨てたが最後、中国側は絶対に停戦を呑めない**のです。

ですから、この戦争が始まってしまった場合、終わる見通しがまったくつかないシナリオになります。

その後に待ち構えているかもしれない最悪の事態を回避するためにも、台湾有事を起こさないことが重要なのです。

知って
おくべき!

朝鮮半島有事における核リスク

ここで、台湾有事と並んで東アジアの安全保障上のリスクに数えられる、半島有事の可能性について詳しく掘り下げていきましょう。

第1章で、北朝鮮が4段階の核戦力を整備してきていることに触れました。その上で、彼らのゲームプランとしては、韓国側が北に攻め上がってくるシナリオと、北朝鮮側が南に攻めていくシナリオが考えられます。

米韓同盟側に自分たちから北に攻めていくシナリオは基本的にありませんが、北朝鮮は北進シナリオを警戒しているかもしれません。

では半島有事が本当に起こるのかと言えば、金正恩次第としか言えず、正直わかりません。はっきり言えるのは、米韓から起こすことはないということ。台湾海峡有事を台湾から起こすことはないのと同じと思えば、想像がつくでしょうか。もし米韓から行動を起こすのなら、1993～94年の朝鮮半島核危機か2017年の核危機の時点ですでに攻撃をしているはずです。しかし、先制攻撃をしてもその後にソウルが火の海になるという前提は変わっていませんから、米韓から攻撃をすることはまず考えられないのです。

ですから**半島有事が起こるとすれば、北が攻撃をしてくる場合に限定される**と思っていいでしょう。

半島有事で日本はどのような判断を下す？

これも繰り返しになりますが、北朝鮮は行動を起こす前に4段階の核兵器開発を終わらせておく必要があります（第1章58ページ）。

日本との関係では、地理的に日本列島と朝鮮半島を分断する必要があって、そのために日本政府を核兵器で脅して米韓同盟に協力させないようにするというのが大きなポイントになります。そこで在日米軍と日本の都市を攻撃できる能力を持って、日本政府を脅かすシナリオが考えられます。

なお在韓米軍は、ブッシュ政権のときに再配置を行いました。２０００年代までは38度線の最前線に米軍が駐留していたのですが、ブッシュ政権と盧武鉉政権のときに再配置を合意し、今は米軍は最前線にいない状態です。在韓米軍はソウルの南にある平沢《ピョンテク》市にキャンプハンフリーズという海外最大級の米軍基地を造り、そこに駐留しています。これは、北朝鮮の砲兵の射程外に米軍が下がったかたちです。

北朝鮮から見れば、米軍が手の届かないところに行ってしまったのです。ですから北朝鮮は、短射程の変則軌道ミサイルの試験を２０１９年頃に行っていました。下がった米軍に対する攻撃能力を高めるためです。４００キロくらいの射程の試験が多かったのですが、４００キロはキャンプハンフリーズから北朝鮮全土くらいの距離ですから、これくらいの射程があれば北朝鮮のどこからでもキャンプハンフリーズを攻撃できることになります。対するキャンプハンフリーズはＴＨＡＡＤというミサイルで守られており、そのＴＨＡＡＤを突破

アメリカ国防総省

THAADミサイル

ターミナル段階（224ページ参照）にある短・中距離ミサイルを地上から迎撃する弾道ミサイル防衛システム。大気圏外および大気圏内上層部の高高度で目標を捕捉し迎撃する。

『防衛白書』（2022年度版・防衛省）より引用

するための武器として変則軌道ミサイルを開発しているわけです。

北朝鮮の南進シナリオでは、少なくとも日本列島と朝鮮半島を切り離すための日本に対する脅しは行われるでしょう。

残念ながらこれも、日本側には選ぶ権利はほとんどありません。

北朝鮮が日本に対して米韓同盟の支援をするなと要求してきたときにどう対処するのか、つまり東京を犠牲にしてソウルを救うという判断をするかどうか、ひいては日米同盟と核攻撃を受けるリスクをどう天秤にかけるかという話であり、簡単に答えが見つかる問題ではありません。

北朝鮮の最大の目的は、現体制の維持

では、北朝鮮は本当に南進するのでしょうか。多くの人が一番関心を寄せるポイントでしょう。

ですが実のところ、この問いに対して明確な答えを用意することはできません。戦争開始までのチェックリストが満たされれば即開戦というものではないのです。

北朝鮮としては、まず核戦力がすべて完成して、その上で「勝てる」と思ったとき、ということになるでしょう。金正恩がどのタイミングで決断を下すのかは、彼以外の誰にもわかりません。

そもそも、北朝鮮が本当に南進まで考えているのかどうかも不明瞭です。北朝鮮からすると、米韓同盟は本当に怖い存在なのです。

北朝鮮にソウルを火の海にする能力があるとすれば、同時に**「米韓同盟は北**

朝鮮の戦力を先制攻撃で撃破する可能性が高い」と考えるかもしれません。場合によっては、**「核兵器を使って撃破するつもりかもしれない」**と北朝鮮が考えてもおかしくありません。核兵器を使われて壊滅するのを防ぐためには、我々にも核抑止力が必要だ、という発想で核兵器開発に邁進しているのかもしれないのです。**北朝鮮側が米韓同盟の北進シナリオを恐れている**というのは、1つの留意点でしょう。

とはいえ、金正恩にとっては今の体制が続くのが一番の目標でしょうから、どれくらい南北の武力統一を本当に狙っているのかわかりません。プーチン大統領がウクライナを吸収しなければならないと強く思っているのと同様に、韓国を吸収しなければいけない、あるいは吸収できると思っているのかどうか、誰も断言できないのです。

知って おくべき!

ロシアによる武力侵攻 北海道上陸はありえるのか

ウクライナに侵攻しているロシアが両面作戦で北海道に上陸作戦を仕掛けてくるのではないか、という噂が、巷の一部を賑わせたことがあります。まことしやかに空想世界で語られるレベルのシナリオですが、ロシアがウクライナと大戦争をやっている間に日本に攻め寄せてくることは、物理的にまず不可能です。

しかし、冷戦期のソ連に対しては、日本侵攻がありうると真剣に考えられていました。なぜそのように思われていたのでしょう。

冷戦期の主戦場はヨーロッパですし、大陸では中ソ対立もありました。そんな国際情勢の中で、日本は主要なプレイヤーのポジションにはいませんでした。にもかかわらず、ソ連の日本侵攻はありうると考えられていましたし、日本はそれに対する備えをしていたのです。

これには明確な理由があります。第1章で触れた、**MADと呼ばれる米ソの相互核抑止が背景にあった**からです。

相互核抑止を支えていたのは、潜水艦からの核ミサイルです。潜水艦は海面下に潜んでいるので相手から攻撃を受け難く、母国が核ミサイルによる先制攻撃で甚大なダメージを負ったとしても、潜水艦は無傷で残ります。その潜水艦から反撃されることで先に仕掛けた国も壊滅的打撃を被ることになるため、**潜水艦の核が無事である限り核抑止は機能し、核抑止が機能していれば戦争は起こらない**、という状態だったわけです。

ソ連の潜水艦にとって邪魔だった北海道

ならば、どこかにいるソ連の潜水艦を見つけ出して沈めることができれば、戦争になったときに有利になる計算です。さらにアメリカは海軍力で圧倒的に

ロシアの軍事力

総兵力		約 90 万人
陸上戦力	陸上兵力	約 33 万人
陸上戦力	戦車 （保管状態のものを含まず）	T-90、T-80、T-72 など 約 2,900 両 （保管状態のものを含めると約 13,000 両）
海上戦力	艦艇	1,170 隻 約 207 万トン
海上戦力	空母	1 隻
海上戦力	巡洋艦	4 隻
海上戦力	駆逐艦	11 隻
海上戦力	フリゲート	19 隻
海上戦力	潜水艦	70 隻
海上戦力	海兵隊	約 35,000 人

航空戦力	作戦機	1,530 機
航空戦力	近代的戦闘機	MiG-29（109 機） MiG-31（117 機） Su-25（199 機） Su-27（119 機） Su-30（132 機） Su-33（17 機） Su-34（125 機） Su-35（97 機） 第 4 世代戦闘機 合計：915 機
航空戦力	爆撃機	Tu-160（16 機） Tu-95（60 機） Tu-22M（61 機）
参考	人口	1 億 4,232 万人
参考	兵役	1 年 （徴集以外に契約勤務制度がある）

『防衛白書』（2022 年度版・防衛省）のデータを基に作成

優勢なので、アメリカが本気でソ連の潜水艦狩りを始めたときに、ソ連は万全の備えがなければ守りきれません。

そこでソ連が考えたのが、要塞戦略《バッション》でした。ヨーロッパ方面ではフィンランド北方の北極圏に広がるバレンツ海、アジア方面ではオホーツク海にミサイル潜水艦を待機させ、これを守ることで核の反撃能力を維持するという戦術です。

ところがオホーツク海はすぐ近くに北海道があります。

北海道から日米に攻撃を仕掛けられたら、オホーツク海のソ連原潜は潰されてしまうかもしれません。そうなれば要塞戦略が十全に機能しないことが予想されます。そこで**ソ連にとって最善の策が何かと言えば、北海道を占領することだった**のです。北海道を占領すればオホーツク海を守るための防衛基地を前に出すこともできますから、オホーツク海の原子力潜水艦は安全になります。

こうした計算から、有事の際にはソ連が彼らの核戦力を使える状態にするために、北海道に攻めてくる可能性があると考えられていたわけです。

ですから、陸上自衛隊もそこまで読んだ上で、北海道防衛戦略を立てていました。旭川の北方付近でソ連軍を食い止め、そこから宗谷海峡に対してミサイル攻撃できるようにするというのが、当時の日本側が用意していた戦術でした。

ソ連が日本に侵攻してくる、あるいはロシアが日本に侵攻してくるシナリオというのは、基本的に**オホーツク海の核ミサイルとの関係であり、実は今でも同じような状況にある**と言えるのです。

ロシアの北海道侵攻は現実に起こりうるか

現在の極東ロシアの軍事力がどの程度のものかというと、まず揚陸能力がほとんどありません。

北海道に侵攻するとなれば、上陸する必要があります。しかし、極東ロシア軍の揚陸艦は現在2隻しかありません。仮に航空自衛隊と海上自衛隊の監視網、防衛網を突破しても、2隻で北海道に上陸できるのはほんのわずかな兵力です。北海道に何万人も陸上自衛隊がいる中で、わずかなロシア兵が上陸してきたとしても、まったく勝負にはなりません。ですから、オホーツク海の潜水艦を守るためということであれば、今でも北海道への上陸作戦は戦略的に理解できないでもありませんが、もはや物理的にそれは不可能なのです。

駄目押しで、陸上自衛隊は北海道に最精鋭の部隊を置いています。

北海道には広大な土地があり、基地も広く確保されています。そのため訓練環境も恵まれているので、優秀な部隊を北海道に置いて、さらに練度を向上させています。南西諸島で有事があった際には北海道から状態のいい部隊を南に移していく、というのが部隊運用の基本的な考え方になっているほどです。ロシアが北海道に上陸してくるのも難しいし、上陸できても陸上自衛隊が問題なく対処してくれます。もちろん、それは歓迎すべき事態ではありませんが、必要以上に恐れる心配はないでしょう。

ウクライナ戦争が極東リスクを高める？

実のところ、**ロシアとの有事はもっと別の形で生じるのではないか**と考えています。ウクライナでロシアが核兵器を使うなど、何らかの理由で展開があって、米軍やＮＡＴＯ軍がウクライナ戦争に介入するとします。

こうなると、もはやアメリカとロシアとの戦争ですから、戦場がウクライナに限られる保証はどこにもありません。そのときに日本の参戦をロシアが恐れて、日本に対して「お前、参戦するんじゃないぞ」と軍事力で威嚇してくるケースが考えられます。

この場合には、**北海道への上陸侵攻作戦というより、ミサイル攻撃で日本側に圧力をかける**かたちのほうが可能性は高いでしょう。ですから、防空やミサイル防衛が重要になってきます。ロシアからのミサイル攻撃はこれまであまり具体的に想定されてこなかったので、いろいろと考え直す必要があるでしょう。

ロシアがあえて日本を敵とみなすとは思いませんが、ウクライナ戦争が始まってからは極東ロシア軍もたびたび軍事演習を行っています。演習目的のひとつは、「こっち側もちゃんと準備ができている。我々はウクライナに全集中していて、極東がガラ空きというわけではないんだ。こっちでもちゃんと戦える」という姿勢を示すことでしょう。

日本が軍事介入することはありえませんが、**ロシア側が思い込みで日本の参戦を恐れる**ような事態になれば、彼らからの**ミサイル攻撃の可能性はゼロではない**ということも、頭に留めておいたほうがいいでしょう。

第3章

日本を守り抜く方法

知って
おくべき!

防衛力はどうやって作られる？未来に必要な兵力を導き出す戦略文書

軍事力、防衛力の確保・維持というのは、スーパーやコンビニでジュースを買ってくるような手軽な話ではありません。中長期的な計画を立て、段階的に整備していかなければならないのです。しかも、そこには政治や経済の要素も多分に絡んできます。そこで本章の前半では、日本の防衛力整備の推移について解説していきましょう。

今現在、日本では航空自衛隊でおよそ300機の戦闘機を保有しています。最新鋭の戦闘機を300機購入すると想像してください。あえて大味な計算にしますが、戦闘機1機の値段をおよそ100億円としましょう。これを300機揃えるとなれば、これだけで3兆円の予算が必要になります。とても一括購入、一括支払いできる規模ではありません。加えて、自動車のように工場のラインで大量生産されるものではないので、生産にも時間を要します。その結果、1年間に10～20機というペースでメーカーから購入し、これを10～30年の年月をかけて積み重ねて、300機の調達を実現することになります。現在の航空自衛隊の装備を実現するために、どれだけの時間と予算を費やしてきたか、その一端を感じとることができたでしょうか。

そこで重要なのは、**今現在の国際情勢だけで防衛力を計画しても意味がない**ということです。装備が揃うのが10～20年後ならば、10～20年後の国際情勢に必要な装備でなければ意味がありません。

これは、社会インフラを作ることにも似ています。ダムを作って治水をする、発電設備を作る計画を立てる際は、10～20年後の人口を見据えなければなりません。**防衛力の場合は、周辺諸国がどう変わっていくのかという要素も加味して情勢分析を行い、10年後、20年後の自衛隊に必要な兵力の質と量を導き出していく**という作業が必要になります。

その一連のプロセスをまとめていくのが、**戦略文書**です。現在の日本の場合、戦略3文書と通称される国家安全保障戦略、国家防衛戦略、防衛力整備計画の3つの文書がその役割を担っています。

防衛大綱の移り変わり

国家安全保障の3文書というかたちでまとめられるようになったのは、2013年からです。以前は「国家安全保障戦略」という名称の文書はなく、「防衛計画の大綱」（いわゆる「防衛大綱」）と「中期防衛力整備計画」という文書がありました。

防衛大綱は、**10年後くらいを見通して情勢を分析**し、その中で**防衛力はどのような役割を果たすべきか**について定め、その**役割を実行するためにどういった態勢が必要か**、**具体的な兵力装備の量や部隊の数**を示します。防衛大綱の末尾には「別表」というものがあって、その中で10年後の自衛隊の兵力構成が示されるのです。

とはいえ、単に10年後の姿を思い描くだけでなく、この10年間に様々な努力を重ねなければその姿には届きません。そのため別表とは別に、5年間の装備調達計画を定めた中期防衛力整備計画が作られます。つまり、理屈の上では2回の中期防衛力整備計画を経て10年間で、防衛計画の大綱の別表で示された自衛隊が完成するわけです。

ただし、**実際にはこのスケジュールが機能したことはあまりありません**。なぜでしょう。

防衛大綱が最初に作られたのが1976年、ちょうど冷戦期です。

その後、中曽根内閣のときなどに自衛隊の強化が実施されていますが、大綱の見直しは行われないまま、冷戦が終わりました。その後、1995年になって新しい防衛大綱が作られます。

次に防衛大綱が作られたのは2004年。10年を待たずに刷新されたのは、この期間中にいわゆる911、アメリカ同時多発テロ事件が発生したことが大きく影響しています。インド洋やイラクに自衛隊が派遣されることになったのが、このときの見直しの大きな要因となりました。

その後、2009年に新たな防衛大綱と中期防衛力整備計画を作る予定でした。しかしこの2009年の夏、政権交代の選挙があり、政権が自民党から民主党に移りました。

そして、民主党政権では、改めて防衛大綱の見直し作業をすることになり、予定を延期して2010年に新しい防衛大綱が発表されました。第2章で触れた「動的抑止」が盛り込まれた防衛大綱です。

その後、2012年12月の選挙で自民党が政権与党に返り咲きます。自民党政権はあらためて防衛大綱の見直しに着手。2013年に安倍政権で最初の国家安全保障戦略ができました。

振り返ってみると、1976年に作成された防衛大綱が19年後に見直され、以降はそれぞれ9年後、6年後、3年後の改定です。

2013年の次は5年後の2018年に新たな防衛大綱と中期防衛力整備計画が策定されました。そして4年後の2022年に〝戦略3文書〟が策定され

刷新された"戦略3文書"の枠組み

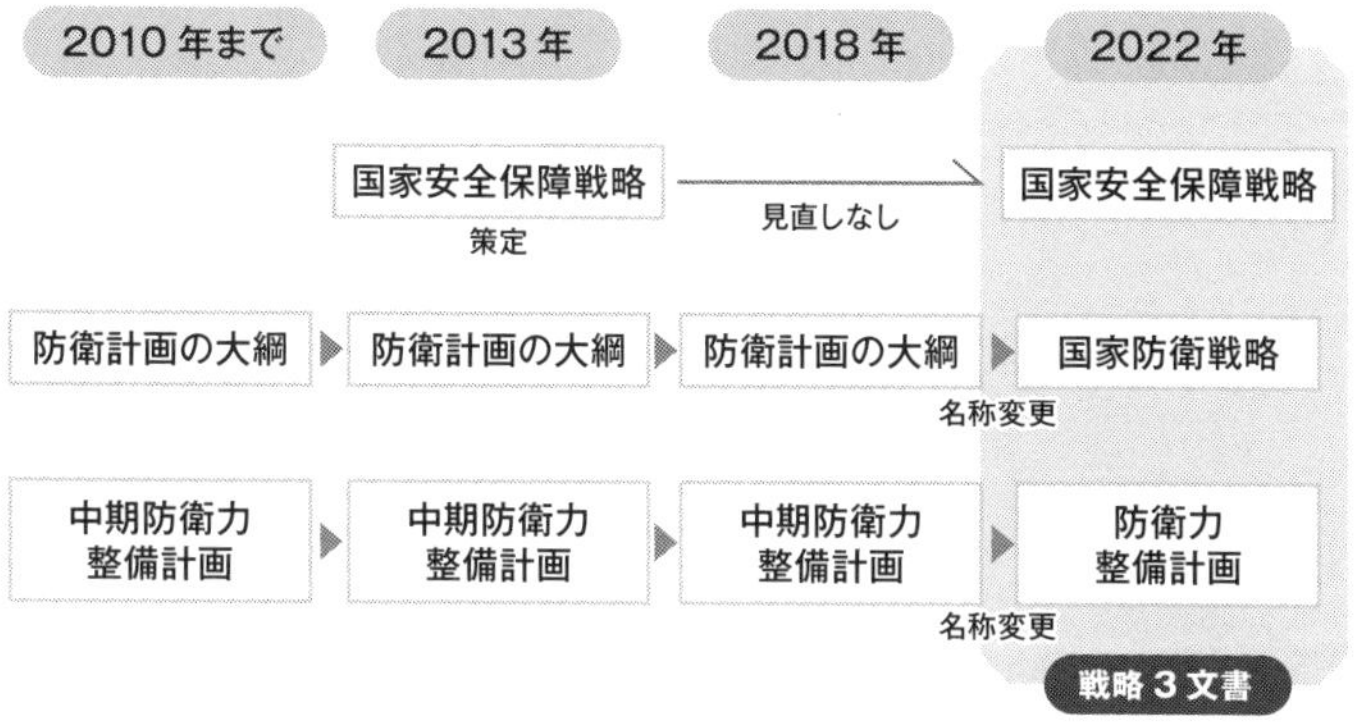

たのです。これは安全保障環境が極めて悪化したことを受けたもので、防衛費を増やして安全保障の態勢を抜本的に見直しをする必要があるという判断で、1年繰り上げて戦略の見直しを実施したわけです。

さらにこのとき、防衛大綱と中期防衛力整備計画という2本立てから、2013年に初めて策定した国家安全保障戦略を約10年振りに見直した上で、防衛大綱を「国家防衛戦略」に名称を変更しました。

そして中期防衛力整備計画を「防衛力整備計画」に改め、〝**戦略3文書**〟というかたちにしたのです。

防衛大綱は世界情勢次第で見直される

節目節目で防衛大綱は見直されています。

1976年の最初の防衛大綱は、冷戦を前提とした防衛大綱で、基盤的防衛力構想という防衛構想が示されました。

1995年には、冷戦後の世界に向けた自衛隊をどうするかという問題意識で、2度目の防衛大綱が作成されます。というのも、1993年から自衛隊がPKOに参加することとなり、さらに93〜94年にかけて最初の北朝鮮の核危機が起こるなど、日本の安全保障環境、自衛隊を取り巻く環境が目まぐるしく変化していったからです。

そのため、**大綱のキーワードは「不透明・不確実」**となりました。基盤的防衛力構想は維持され、大綱巻末の別表も、冷戦後も基本的に自衛隊の兵力構成は維持されたかたちになりました。

基盤的防衛力構想自体は冷戦期に作られたものですが、95年の防衛大綱で冷戦後バージョンの基盤的防衛力が形作られたと言えます。

以後、時代の不確実性を証明するように2001年にアメリカで同時多発テロが起こったのを受け、自衛隊がインド洋で多国籍軍に給油し、イラク戦争が始まり、陸上自衛隊がイラクに派遣されるようになりました。自衛隊がインド洋やイラクで活動するなど、2001年9月10日までは誰も考えたことがなかったはずです。まったく予想外の未来が待ちかまえていたのです。そうした現実世界を直視しながら、防衛大綱は積み重ねられてきたのです。

こうした動きは、その後も続きます。

知って おくべき!

国際情勢の悪化と周辺国の脅威 新たに生まれ変化する防衛の考え方

２００４年の防衛大綱が作成された際は国家安全保障戦略は独立した文書ではありませんでしたから、防衛大綱の中に国家安全保障戦略に相当する内容が盛り込まれています。

このときに示されたのが、２つの目標と３つの手段《アプローチ》でした。

【２つの目標】

①わが国の安全

②より安定した安全保障環境の構築

【３つの手段】

①わが国自身の努力

②同盟国との協力

③国際社会との協力

この3つのアプローチを組み合わせて2つの目標を達成する、というのが基本姿勢です。横軸に2つの目標、縦軸に3つのアプローチをおけば、2×3のマトリックスができあがります。その2×3のマトリックスをすべて埋めれば、必要な政策は達成できるという考え方でした。

しかし実は、ここで抜けている要素が1つあります。地域内での協力とグローバルな協力が、国際社会との協力の中で同列に置かれているのです。そのため、地域においてどのように協力をするのかという考え方が必ずしも示されていません。

この時点ですでに地域的な安全保障協力、ASEAN地域フォーラムなどがあり、地域レベルでの安全保障協力を進めて中国もそこに組み込んでいこうという政策も進んでいました。日本国内で、同盟国と国際社会との間に「地域との協力」という項目を入れるべきではないか、という考え方が生まれてくるのも自然な流れでした。しかし国際情勢は悪化していきます。

喫緊の課題「グレーゾーン抑止」に着目

２０１０年春、中国海軍の大規模な艦隊が沖縄の列島線を越え、西太平洋で演習を実施しました。そして同年9月、尖閣諸島沖で漁船が海上保安庁の巡視船に衝突する事案が起こり、一気に緊張が高まりました。

そのため、東シナ海のグレーゾーン抑止が、２０１０年の防衛大綱における喫緊の課題となりました。

当時はまだ台湾海峡有事も今ほどは深刻視する状況でなく、北朝鮮の核実験も２００６年に1回目、２００９年に2回目が実施されたばかりですから、まだ日本に届く核兵器はない、と認識されていた時期です。一方で、東シナ海のガス田と尖閣諸島に対する中国側の機会主義的な現状変更の試みは、懸念事項でした。

当時はまだミリタリーバランスでは日本が有利でした。しかしそれで安心というわけではなく、中国が戦争しないで島を獲得する手段を選択してくることも考えられました。

特に第2章で触れたように、抑止が非常に困難なグレーゾーンで中国を抑止しなければならず、難しい判断が求められました。

そこで示したのが、動的抑止という考え方です。

東シナ海における哨戒活動を増やし、常続的かつ戦略的な警戒監視を行うことで、我々に隙がないということを中国側に認識させ、現状打破させないようにするのです。

しかしこれを実践するとなると、日本側の負担は膨大になります。たとえ話として言えば、尖閣諸島に対しては1日1回行っていた哨戒飛行を1日3回に増やすようなことです。そうなると燃料は3倍必要ですし、整備は3分の1の期間で必要になります。任務をこなす隊員たちの労力も3倍です。

そこで、**正面装備だけではなく、兵站も強化する方向に流れを持っていく**というのが、2010年の防衛大綱の大きなポイントでした。

その後、2012年の尖閣諸島国有化によって、中国側の挑戦のレベルが1つ上がりました。

このとき、自衛隊は何ら隙を見せていません。しかし、政治的な問題によって、中国側は挑戦レベルを上げる姿勢を見せたのです。

そこで、**グレーゾーン抑止の見直しが必要**になりました。

統合運用に基づく陸海空自衛隊の能力評価への試み

自民党が政権政党に返り咲いたこともあり、2013年に新たな防衛大綱が策定されます。2012年9月以降に東シナ海の情勢が変わってきていたこともあり、戦略の見直しは必然的な状況でした。

さらにもう1つ、2012年冬から2013年春にかけて非常に長い期間、北朝鮮のミサイル危機が発生しました。

それ以前の北朝鮮ミサイル危機はそれほど長くは続きませんでしたから、深刻さの度合いが違います。そのため、ミサイル防衛の態勢も考え直さなければならず、2013年の防衛大綱ではイージス・アショアの導入の方向性が示されます。

しかし、それ以上に画期的な点があります。それが、**統合運用に基づく能力評価**です。**具体的な状況を設定したシナリオをベースに、今の陸海空自衛隊に何が足りないのかを科学的・数量的に評価する試みに着手**したのです。

この試みのどこが画期的な点なのでしょう。

それまでの防衛力整備は、陸海空が別々に実施していました。それでは現実の事態対処とは異なる想定になってしまいます。そこで、統合運用するかたちでどの能力が足りないのかというところを、きちんと検証したわけです。

また、グレーゾーン問題については、常続監視だけでは防ぎきれなかった事案がありましたが、状況を把握する必要は変わってないので、常続監視体制を維持することには意味があると示されました。

ポイントは、周辺国が何か行動を起こしたときには日本および日米同盟も軍事演習や部隊展開を逐次実施してエスカレーションに対応していくFDO(Flexible Deterrent Options)という考え方でグレーゾーンに対応しようとしたところです。

その次の2018年の大綱では、多次元統合防衛力という名前が付けられました。ここでは、中国に対する劣勢を、戦闘機や船、戦車とは別次元の、宇宙とサイバーと電磁波によって相殺するという発想が示されています。

知って
おくべき!

日本の防衛政策の仕組みを決める3文書 防衛費増額による整備計画とは

戦略3文書における変化のうち最大のものは、やはり防衛費が増えるということです。**防衛費が増えるからこそ、様々な取り組みが可能に**なるのです。

ではなぜ防衛費が増えるのかというと、その根本は安全保障環境の悪化です。東アジアにおける日本の防衛費のシェアが2000年は38%あったものが、2020年には17%に半減(第1章23ページ)してしまいました。予算シェアの低下は対外的な軍事力の低下に直結しますから、ある程度までは増やしていかなければならないわけです。

その目安として示されたのがGDPの2%という数字でした。

これはNATO基準の2%という数字がしばしば話題になりますが、なにもヨーロッパを見なくても、オーストラリアもインドも台湾もGDP2%に近い

防衛関係費（当初予算）の推移

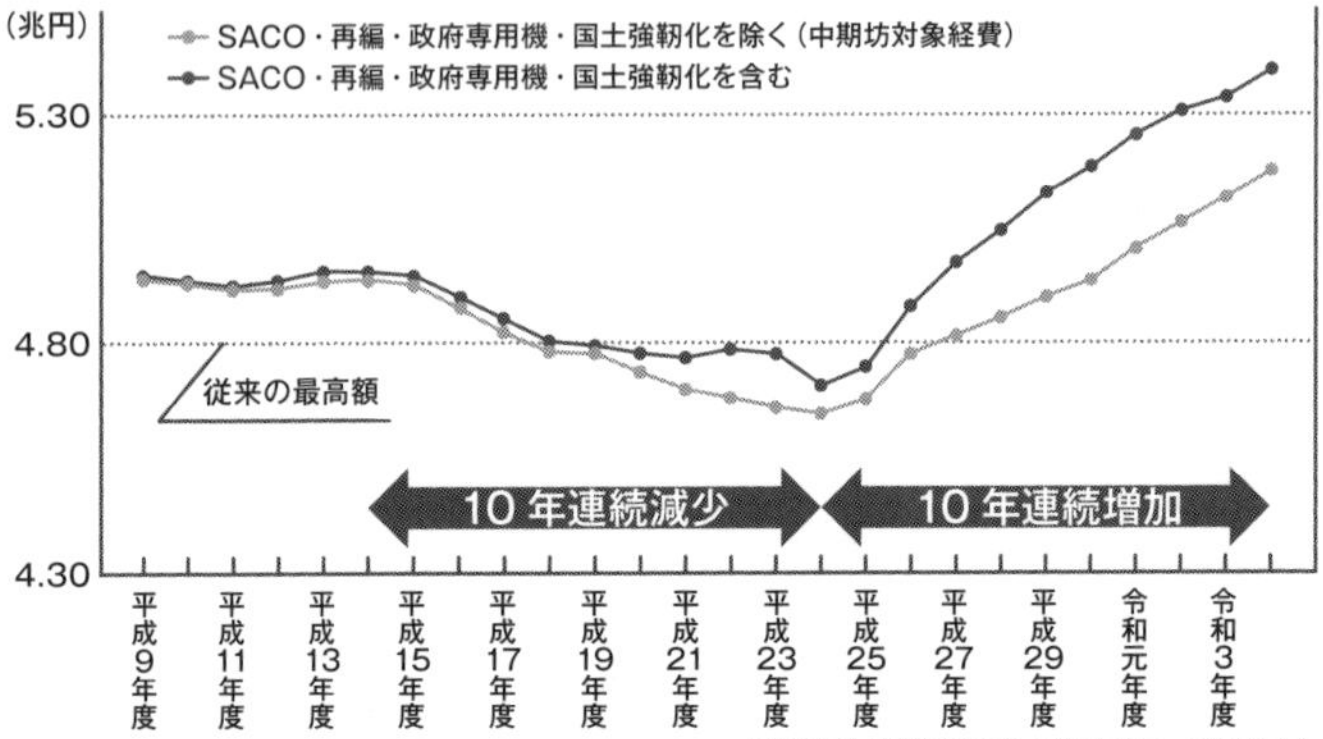

『防衛白書』（2022年度版・防衛省）のデータを基に作成

ですし、韓国とシンガポールは2・5％を超えています。

1995年から2018年までの防衛大綱は、防衛費は増えないものという前提でやりくりしていました。

バブル経済崩壊後の1995年に小泉内閣の緊縮財政で防衛予算が下がり、そのまま下がり基調が続いて、底値では4兆7000億円弱まで下がっています。

そこからじわじわと増えていきますが、安倍政権の最後の頃でも最低期から10％程度の増加にとどまっています。

周辺の安全保障環境の悪化に比べると、大した伸びではありません。

主要6カ国の国防費の推移（対数グラフ）

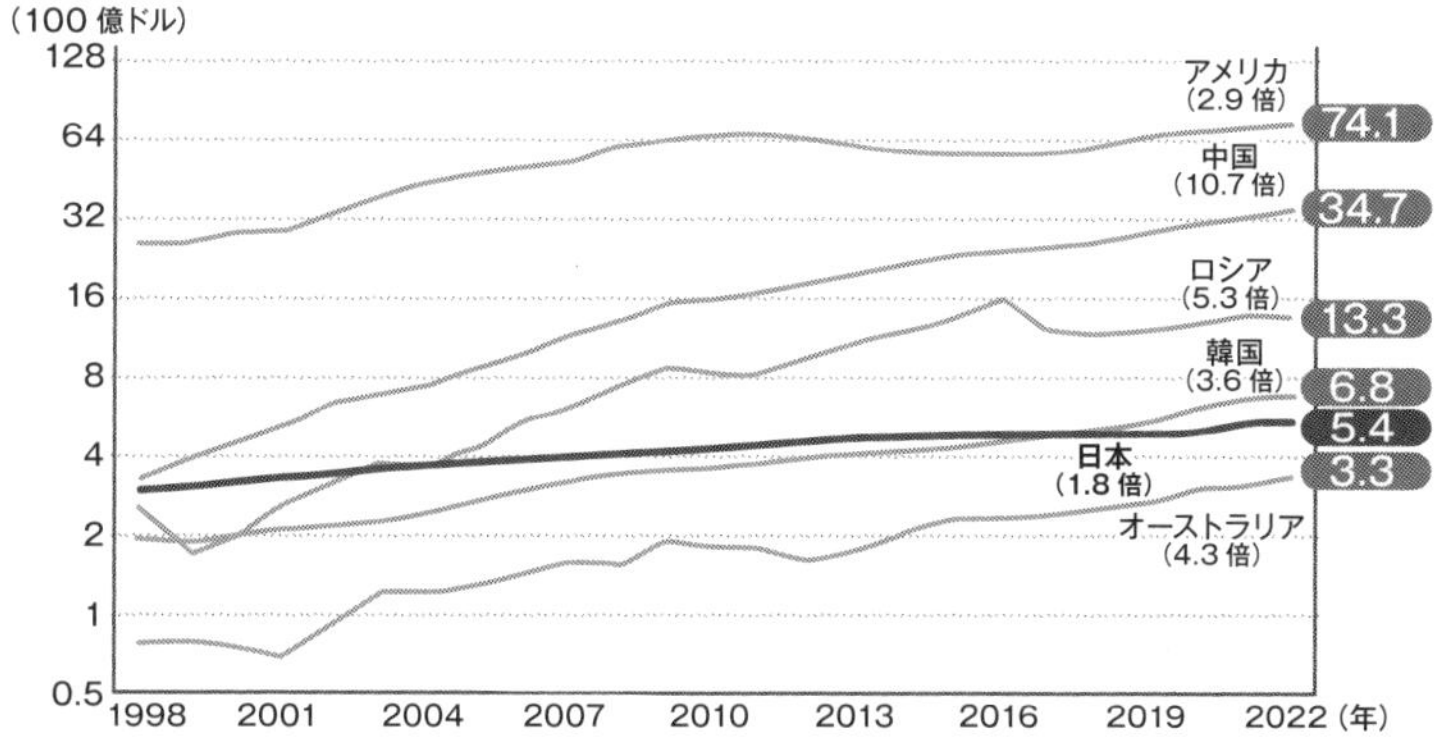

『防衛白書』（2022 年度版・防衛省）のデータを基に作成

特に中国側の伸びに比べると、ほぼ横ばいとさえ言えます。

それが2022年に発表された戦略3文書では、なんと**5年間で43兆円の予算を投じる**と示されました。

その予算を踏まえた整備計画が、「防衛力整備計画」の別表に示されています。次ページで過去の防衛大綱にあった別表と並べて掲載しますので、どこに違いがあるのか、あるいはまったく変化がないのか、比較してみてください。

2018年「防衛計画の大綱」の別表

（別表）

共同の部隊	サイバー防衛部隊		1個防衛隊
	海上輸送部隊		1個輸送群
陸上自衛隊	編成定数		15万9千人
	常備自衛官定員		15万1千人
	即応予備自衛官員数		8千人
	基幹部隊	機動運用部隊	3個機動師団
			4個機動旅団
			1個機甲師団
			1個空挺団
			1個水陸機動団
			1個ヘリコプター団
		地域配備部隊	5個師団
			2個旅団
		地対艦誘導弾部隊	5個地対艦ミサイル連隊
		島嶼防衛用高速滑空弾部隊	2個高速滑空弾大隊
		地対空誘導弾部隊	7個高射特科群／連隊
		弾道ミサイル防衛部隊	2個弾道ミサイル防衛隊
海上自衛隊	基幹部隊	水上艦艇部隊	
		うち護衛艦部隊	4個群（8個隊）
		護衛艦・掃海艦艇部隊	2個群（13個隊）
		潜水艦部隊	6個潜水隊
		哨戒機部隊	9個航空隊
	主要装備	護衛艦	54隻
		（イージス・システム搭載護衛艦）	（8隻）
		潜水艦	22隻
		哨戒艦	12隻
		作戦用航空機	約190機
航空自衛隊	基幹部隊	航空警戒管制部隊	28個警戒隊
			1個警戒航空団（3個飛行隊）
		戦闘機部隊	13個飛行隊
		空中給油・輸送部隊	2個飛行隊
		航空輸送部隊	3個飛行隊
		地対空誘導弾部隊	4個高射群（24個高射隊）
		宇宙領域専門部隊	1個隊
		無人機部隊	1個飛行隊
	主要装備	作戦用航空機	約370機
		うち戦闘機	約290機

注1： 戦車及び火砲の現状（平成30年度末定数）の規模はそれぞれ約600両、約500両/門であるが、将来の規模はそれぞれ約300両、約300両/門とする。

注2： 上記の戦闘機部隊13個飛行隊は、ＳＴＯＶＬ機で構成される戦闘機部隊を含むものとする。

2022年「防衛力整備計画」の別表3

別表3（おおむね10年後）

区　分		将来体制	
共同の部隊	サイバー防衛部隊		1個防衛隊
	海上輸送部隊		1個輸送群
陸上自衛隊	常備自衛官定数		149,000人
	基幹部隊	作戦基本部隊	9個師団 5個旅団 1個機甲師団
		空挺部隊	1個空挺団
		水陸機動部隊	1個水陸機動団
		空中機動部隊	1個ヘリコプター団
		スタンド・オフ・ミサイル部隊	7個地対艦ミサイル連隊
			2個島嶼防衛用高速滑空弾大隊
			2個長射程誘導弾部隊
		地対空誘導弾部隊	8個高射特科群
		電子戦部隊（うち対空電子戦部隊）	1個電子作戦隊 （1個対空電子戦部隊）
		無人機部隊	1個多用途無人航空機部隊
		情報戦部隊	1個部隊
海上自衛隊	基幹部隊	水上艦艇部隊（護衛艦部隊・掃海艦艇部隊）	6個群（21個隊）
		潜水艦部隊	6個潜水隊
		哨戒機部隊（うち固定翼哨戒機部隊）	9個航空隊（4個隊）
		無人機部隊	2個隊
		情報戦部隊	1個部隊
	主要装備	護衛艦（うちｲｰｼﾞｽ・ｼｽﾃﾑ搭載護衛艦）	54隻（10隻）
		ｲｰｼﾞｽ・ｼｽﾃﾑ搭載艦	2隻
		哨戒艦	12隻
		潜水艦	22隻
		作戦用航空機	約170機
航空自衛隊	主要部隊	航空警戒管制部隊	4個航空警戒管制団 1個警戒航空団（3個飛行隊）
		戦闘機部隊	13個飛行隊
		空中給油・輸送部隊	2個飛行隊
		航空輸送部隊	3個飛行隊
		地対空誘導弾部隊	4個高射群（24個高射隊）
		宇宙領域専門部隊	1個隊
		無人機部隊	1個飛行隊
		作戦情報部隊	1個隊
	主要装備	作戦用航空機（うち戦闘機）	約430機（約320機）

注1：上記、陸上自衛隊の15個師・旅団のうち、14個師・旅団は機動運用を基本とする。
注2：戦闘機部隊及び戦闘機数については、航空戦力の量的強化を更に進めるため、2027年度までに必要な検討を実施し、必要な措置を講じる。この際、無人機（ＵＡＶ）の活用可能性について調査を行う。

1976年「防衛計画の大綱」の別表

別　表

	自衛官定数		１８万人
陸上自衛隊	基幹部隊	平時地域配備する部隊	１２個師団 ２個混成団
		機動運用部隊	１個機甲師団 １個特科団 １個空挺団 １個教導団 １個ヘリコプター団
		低空域防空用地対空誘導弾部隊	８個高射特科群
海上自衛隊	基幹部隊	対潜水上艦艇部隊（機動運用）	４個護衛隊群
		対潜水上艦艇部隊（地方隊）	１０個隊
		潜水艦部隊	６個隊
		掃海部隊	２個掃海隊群
		陸上対潜機部隊	１６個隊
	主要装備	対潜水上艦艇	約６０隻
		潜水艦	１６隻
		作戦用航空機	約２２０機
航空自衛隊	基幹部隊	航空警戒管制部隊	２８個警戒群
		要撃戦闘機部隊	１０個飛行隊
		支援戦闘機部隊	３個飛行隊
		航空偵察部隊	１個飛行隊
		航空輸送部隊	３個飛行隊
		警戒飛行部隊	１個飛行隊
		高空域防空用地対空誘導弾部隊	６個高射群
	主要装備	作戦用航空機	約４３０機

（注）この表は、この大綱策定時において現有し、又は取得を予定している装備体系を前提とするものである。

「防衛計画の大綱」の変遷

51大綱	昭和51年 10月29日 国防会議にて 閣議決定	背景	■ 東西冷戦は継続するが緊張緩和の国際情勢 ■ わが国周辺は米中ソの均衡が成立 ■ 国民に対し防衛力の目標を示す必要性
		基本的考え方	○「基盤的防衛力構想」 ○ わが国に対する軍事的脅威に直接対抗するよりも、自らが力の空白となってわが国周辺地域における不安定要因とならないよう、独立国としての必要最小限の基盤的な防衛力を保有
07大綱	平成7年 11月28日 安保会議にて 閣議決定	背景	■ 東西冷戦の終結 ■ 不透明・不確実な要素がある国際情勢 ■ 国際貢献などへの国民の期待の高まり
		基本的考え方	○「基盤的防衛力構想」を基本的に踏襲 ○ 防衛力の役割として「わが国の防衛」に加え、「大規模災害等各種の事態への対応」及び「より安定した安全保障環境の構築への貢献」を追加
16大綱	平成16年 12月10日 安保会議にて 閣議決定	背景	■ 国際テロや弾道ミサイルなどの新たな脅威 ■ 世界の平和がわが国の平和に直結する状況 ■ 抑止重視から対処重視に転換する必要性
		基本的考え方	○ 新たな脅威や多様な事態に実効的に対応するとともに、国際平和協力活動に主体的かつ積極的に取り組み得るものとすべく、多機能で弾力的な実効性のあるもの ○「基盤的防衛力構想」の有効な部分は継承
22大綱	平成22年 12月17日 安保会議にて 閣議決定	背景	■ グローバルなパワーバランスの変化 ■ 複雑さを増すわが国周辺の軍事情勢 ■ 国際社会における軍事力の役割の多様化
		基本的考え方	○「動的防衛力」の構築（「基盤的防衛力構想」によらず） ○ 各種事態に対して実効的な抑止・対処を可能とし、アジア太平洋地域の安保環境の安定化・グローバルな安保環境の改善のための活動を能動的に行い得る防衛力
25大綱	平成25年 12月17日 国家安全保障 会議にて 閣議決定	背景	■ わが国を取り巻く安全保障環境が一層厳しさを増大 ■ 米国のアジア太平洋地域へのリバランス ■ 東日本大震災での自衛隊の活動における教訓
		基本的考え方	○「統合機動防衛力」の構築 ○ 厳しさを増す安全保障環境に即応し、海上優勢・航空優勢の確保など事態にシームレスかつ状況に臨機に対応して機動的に行い得るよう、統合運用の考え方をより徹底した防衛力
30大綱	平成30年 12月18日 国家安全保障 会議にて 閣議決定	背景	■ わが国を取り巻く安全保障環境が格段に速いスピードで厳しさと不確実性を増大 ■ 宇宙・サイバー・電磁波といった新たな領域の利用の急速な拡大 ■ 軍事力のさらなる強化や軍事活動の活発化の傾向が顕著
		基本的考え方	○「多次元統合防衛力」の構築 ○ 陸・海・空という従来の領域のみならず、宇宙・サイバー・電磁波といった新たな領域の能力を強化し、全ての領域の能力を融合させる領域横断作戦などを可能とする、真に実効的な防衛力

『防衛白書』（2022年度版・防衛省）より

予算倍増でも整備計画に大きな変化なし？

防衛費を増やしたからには、相応の理由や目的があります。では具体的に何をするのでしょう。

3文書になる以前の防衛大綱の別表で10年後の自衛隊が示されているということを申し上げましたが、この戦略3文書では防衛大綱の後継文書である国家防衛戦略ではなく、防衛力整備計画という文書に別表（別表3）があって、ここに10年後に目指す自衛隊像が記載されています。この2022年12月の3文書の別表と2018年の防衛大綱の別表を比較してみましょう。

実は、ほとんど変化がないのです。

イージス艦が数隻増え、戦闘機が20〜30機増える程度の変化で、それ以外の装備はほとんど変わりません。では、増えた予算はどこにいってしまうのでしょうか。

冷戦期以降のスクランブル実施回数とその内訳

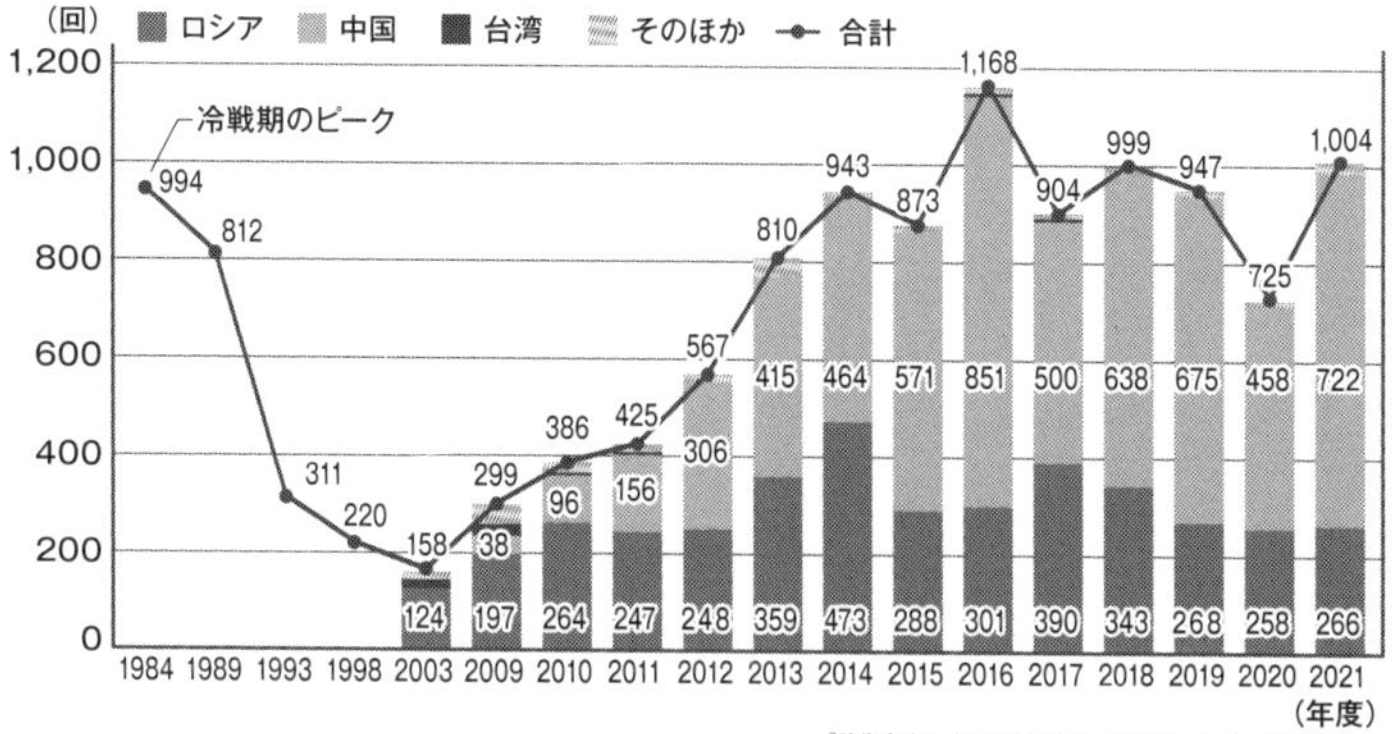

『防衛白書』(2022年度版・防衛省)のデータを基に作成

実は、装備の量が変わっていないというのが重要なポイントなのです。

というのも、自衛隊の任務は過去20年間にわたって激増してきました。空自のスクランブルの数は4～6倍程度に増えています。日本海での24時間態勢のミサイル防衛も、航空機や船舶による尖閣諸島周辺の警戒監視も、20年前は実施していませんでした。

それだけ任務が増えても、防衛費は10～15％程度しか増えていないのですから、その分自衛隊内部にしわ寄せがきました。

自家用車の例で考えてください。月に500キロ走行していたのが1500キロに増えたとします。消費するガソリンは3倍になり、タイヤの寿命も3倍早く尽きます。オイル交換も3分の1の期間でする必要があり、端的に維持費が3倍になります。にもかかわらず、給料は変わってないとしたら、家賃が安いところに引越すか、食費を減らすか、節約を強いられます。自衛隊も、同じ境遇におかれていました。

その**極貧状況下での工夫のひとつが、共食い整備**です。飛行機が2～3機ある中の1機を確実に飛ばすために、足りない整備部品を別の機体から抜いて、1機に集めていくわけです。部品を抜かれた飛行機は、もう飛べません。それでも、1機が飛べる状態を優先してきたわけです。

そんな涙ぐましい努力で活動を維持してきたというのが、過去20年の状況でした。今回、まず5年間で43兆円まで防備費が増えていく中でやろうとしているのが、**配備された機体を万全な状態に戻したり、弾薬備蓄量を増やしていく**ことです。

この43兆円の中身をどう使うかはすでに公表されていて、その中に**持続性、**

整備計画の内訳

	前・中期防衛力整備計画		防衛力整備計画
スタンド・オフ・ミサイルの取得	約0.2兆円	約25倍	約5兆円
統合防空ミサイル防衛能力	約1兆円	約3倍	約3兆円
領域横断作戦能力 宇宙・サイバー・従来領域の装備品取得等	約3兆円	約3倍	約8兆円
機動展開（国民保護） 輸送アセットの取得等	約0.3兆円	約7倍	約2兆円
無人アセット	約0.1兆円	約10倍	約1兆円
弾薬・装備品の維持整備	弾薬・誘導弾 約1兆円	約2倍	弾薬・誘導弾 約2兆円
	維持整備 約4兆円	約2倍	維持整備 約9兆円
自衛隊施設の強靭化	約1兆円	約4倍	約4兆円
研究開発・防衛生産基盤の強化	約1兆円	約1.4倍	約1.4兆円
情報関連機能 無線機の取得等	約0.3兆円	約3倍	約1兆円
その他 教育訓練・燃料費等	約4.4兆円	約1.5倍	約6.6兆円

侵略してくる敵に遠方から対処し、反撃能力にも活用される長射程ミサイルの開発・量産。

弾道ミサイル等、多様な経空脅威への対応能力を強化。

宇宙：約1兆円
サイバー：約1兆円
航空機・艦船等：約6兆円

これまで十分な予算が配分されていないと指摘されてきた弾薬や部品の取得。

老朽化等が指摘されている自衛隊施設の整備を重点的かつ集中的に実施。

防衛生産基盤の強化：約0.4兆円
研究開発：約1兆円

「新たな国家安全保障戦略等の策定と令和５年度防衛関係予算について」（財務省）より抜粋

強靭性という項目があります。**弾薬や部品の購入、整備などに充てられる予算**で、これだけで15兆円が計上されています。43兆円のうちの15兆円ですから、全体の35％の予算に当たります。それを、**これからの5年間で空洞化してきた自衛隊の中身を本来のスペックに戻す**ために使うというわけです。

政府と防衛省の本気度が伺えます。

正面装備を重視してきた自衛隊

自衛隊の継戦能力、戦いを続ける能力が低いということは、ずっと指摘されていました。それを改善するというのが今回の3文書で示された大きな目的ですが、これはある意味で想定内でもありました。

これまで自衛隊は、**継戦能力よりも正面装備の数を揃えることを重視**してきました。仮に継戦能力を重視して戦闘機部隊の規模を半分にすると、元に戻すのは簡単なことではないからです。

たとえば、1つの戦闘機部隊は18機ないし24機で編成されますが、その部隊を増やすには、まず単純に戦闘機を買い、そこからさらに飛行場の格納庫を増やし、燃料タンクを増やし、パイロットの育成を増やさなければなりません。部隊を1つ増やすのに、下手をすると10年くらいかかります。そうした事情が理解できれば、部隊の数を確保しておくことの重要さがわかるでしょう。

部品や弾薬、燃料などの消耗品が不足しても、それは予算さえあれば比較的短い期間で調達できます。しかし、部隊は注文してもすぐに届けてもらえるものではありません。整備と育成に時間がかかるからこそ、継戦能力をある程度犠牲にしてでも時間がかかる正面装備を優先し、弱みを感じさせないよう外から見えるものをきちんと整備してきたわけです。

つまり、**継戦能力の不足はある意味で織り込み済みの問題**でしたし、**その問題を解決するための政治的決断をきちんとやるべきときにやった**という意味で、**想定内の対処**であると言えます。今回について言えば、的確に政治決断をしてくれたということですね。

戦時医療体制の充実も進む

実戦に備えていくとなると、ここ20〜30年で世界標準が変わってきており、きちんとキャッチアップしていく必要があります。その一例が、戦時医療体制です。アフガニスタンとイラクのときの事例ですが、前線で負傷した兵士の医療体制をどう確保するかというのが、非常に大きな問題になりました。

そこでNATO軍がどのような対策をしたかというと、前線にヘリを常に待機させ、負傷者が出たらその場でトリアージを行って、待機しているヘリで後方の診療所まで素早く輸送したのです。さらに、必要がある患者についてはドイツのラムシュタイン基地まで下げて治療を行いました。これを**メディバック**と言います。同様の支援システムは自衛隊も整備する必要があり、3文書にも盛り込まれています。こうした体制にも惜しみなく予算を振り分けることで、自衛隊の防衛力全体が底上げされるのです。

知って
おくべき!

日米同盟における協力関係の発展
平和安全法制の意味

ここでは、日本の安全保障の要とも言えるアメリカとの同盟関係について見ていきましょう。

日米同盟というのは、「日米安保体制」と言ったりもします。外務省では「日米安保体制を中核とする日米同盟」とも言います。

日米安全保障条約そのものは、1951年に日本の独立と同時に結ばれました。それが1960年に改定されて現在に至ります。すでに80年以上も続く安保条約ですが、**権利義務関係がちょっと特殊な条約**です。

基本構造、特に1951年の旧安保の基本構造は、日本は「米軍に駐留してもらう、米軍は駐留してください」という特異な形態になっています。

1960年の安保改定で単に駐留してもらうだけではなく、駐留する米軍および国家としての**アメリカは日本防衛義務を負う**というかたちになりましたが、**基本的には基地貸与協定**なのです。つまり、**日本がアメリカに基地の土地を貸す、アメリカはそこに部隊を置く代わりに日本を守る**という構図です。

これを昔の外務省の人は、「人（米軍）と物（基地）との交換」と表現しました。日米同盟で日本がアメリカにフリーライドしているという言い方をする人がいますが、それは正しくありません。基地を提供しているので、フリーライドではないのです。ただし、かなり非対称な構造です。

60年の新安全保障条約では、日米同盟では日本領域内における他国からの武力攻撃を、日米双方が両国に対する武力攻撃とみなすこととなりました。ですから、日本の領域が攻撃されたときには、日米共同で対処することになっているわけです。そこで日本が負っている義務は、日本領域を守ること、そして米軍に基地を提供することだけです。

ですから、米軍への基地の提供と米軍の展開が基本的な日米安保条約上の取引関係です。

ここで注目すべきなのは、自衛隊と米軍の防衛協力というのは条約締結時にはそれほど重要な要素ではなかったということです。変な表現になりますが、外務省マターである日米安全保障条約がこの日米同盟の中核で、防衛省および自衛隊はその上に乗っかっているものなのです。

その理由ははっきりしていて、1951年に日米安全保障条約を結んだ時点では自衛隊そのものが存在しませんでした。発足したのは1954年です。1960年の安保改定のときでさえ、まだまだ能力が足りません。そのため最初の頃は、日米安保体制の中では、自衛隊と米軍の協力というのはあくまで二の次で、大事なことは基地の提供だったのです。

ところが1970年代に入って、ベトナム戦争でアメリカが消耗し、実際に軍事力も下がっていきました。それとは逆に、日本が経済発展して自衛隊が強力化していったことで、自衛隊と米軍の協力というのが俄然重要になってきたのです。

現実的な必要性があるなら検討しなければなりません。これは自衛隊と米軍とで共同作戦計画を作ることになります。この点について、文民統制、あるいは政治からのコントロールを確保するためにガイドラインが作られました。

日米の「ガイドライン」の役割

日米同盟には**「日米防衛協力のための指針」**という文書があります。これが**「ガイドライン」**です。最初に作られたのは1978年で、その後1997年、2015年に見直されます。

では、このガイドラインは誰が合意の署名をしているのかと言うと、いわゆる2＋2、日本の外務大臣と防衛大臣、アメリカの国務長官と国防長官です。

ガイドラインでは、日米が共同作戦する局面を特定し、作戦局面の中で日米の役割分担を決め、それを最終的に大臣4人が署名して承認します。ですから、策定されたガイドラインの枠組みに基づき、作戦計画を自衛官と米軍人が組み上げていくのは、すでに大枠を日米両国の大臣が承認した上でのこととなります。つまり、これはすべて民主的コントロールの下にあるということになるのです。

そういう形で日米の防衛協力が進んでいるとはいえ、いわゆる日本の集団的自衛権の制約があるので、日本は日本防衛のときは米軍と一緒に戦えますが、2015年に平和安全法制が成立するまでは、それ以外のときは米軍に兵站面などで協力できても一緒に戦うことはできない、という形になっていました。ガイドラインということでは、1997年の改定では米軍に対する自衛隊の後方地域支援が盛り込まれました。

そして2015年には、平和安全法制も見据えて新たなガイドラインを策定したのです。

集団的自衛権の限定行使の意味

時間を何年か巻き戻します。

日本の集団的自衛権、自衛隊の海外での武力行使、あるいは武器の使用というものが真剣に議論されるようになったのは、1991年の湾岸戦争以降です。湾岸戦争のとき、世界中の国がクウェートを救うために軍事的協力を行いましたが、日本は軍事的協力に参加せず、資金援助のみでした。そのことに対する国内外からの批判が、大きな契機になりました。

これは有名な話ですが、アメリカの新聞大手ワシントンポストに、戦争が終わった後にクウェート政府が協力国への感謝の広告を打ちました。

しかしその中に日本の名前が含まれておらず、日本国内では衝撃とともに受け止められました。日本は提供した資金に見合う評価を得ることができなかったのです。

それ以来、国連活動への自衛隊の参加、アジアでの安全保障上の危機における自衛隊と米軍の協力が、安全保障政策上の大きな課題になりました。

これは1991〜95年の間の出来事ですが、具体的な結果が出てきたのが2014年から15年にかけてです。実に20〜25年の時間をかけて、安倍政権のときに集団的自衛権の限定行使に踏み切ることになりました。

2014年7月1日に閣議決定を行い、「存立危機事態」というかたちで、日本と密接な関係にある他国が武力攻撃を受け、わが国の存続が脅かされ、国民の生命、自由および幸福追求の権利が根底から覆される明白な危険がある事態において、自衛権を行使できるようになったのです。

この存立危機事態の具体的なシナリオについて、個人的考えとしてシナリオ化して申し上げると以下のようになります。

半島有事が起こり、北朝鮮が韓国と米軍を攻撃しました。しかし、日本は攻撃を受けていません。この状態では、かつての日本は後方支援以外は何もできませんでした。

しかし今の安保法制成立後であれば、**明らかに半島有事は日本の安全保障に死活的な脅威になるので、米軍と一緒に戦うという選択肢**が生まれるのです。もちろん「できる」からといって自動的に「戦う」わけではありません。あくまでそうした選択肢が生まれるということです。

とはいえ、他国に自衛隊を派遣して戦闘行動を行うという展開までは想定されていません。半島有事で集団的自衛権を行使する場合でも、そこで想定されることのほとんどは日本海でのオペレーションになるであろうと筆者は思います。

知って
おくべき！

立場で見え方が変わる〝安心〟アメリカの核の傘を考える

アメリカとの同盟関係で忘れてならないのが、**核の傘**です。そこで、日本が向き合わねばならない核兵器運用の現実、さらにはNBCとして近い枠で語られる生物化学兵器などにも踏み込んでいきましょう。

実際に日本に降りかかる核の脅威については、まず第1段階が**アメリカの核による抑止**、次に抑止が破れて飛んできたときの**ミサイル防衛**、第3にミサイル防衛を突破して**飛来した核兵器に対しての結果管理**という3つの段階を踏むことになります。

その3段階すべてに的確に対処するための備えが、現在の日本には求められているのです。

日本は核シェアリングに加われば安泰か？

核抑止については、日本は核を保有していないので、アメリカに頼ります。しかし現在のアメリカは、核兵器に対する抑止を核だけでなく核とハイテク戦力とミサイル防衛で取り組む姿勢になっているので、日本の立場では、アメリカのハイテク戦力と日本の反撃能力、それと日米のミサイル防衛で前半の物理的な対処を行っていくことになります。つまり、冒頭で述べた第1段階と第2段階がワンセットになっているのです。

核抑止については、防衛の世界でよくいわれる話があります。いわく、「敵を抑止するならばアメリカの核の信頼性が5％あればいいが、同盟国を安心させるためには95％の信頼性が必要」というものです。

先制攻撃が可能な核兵器保有国が現実に攻撃を考えた場合でも、20分の1の確率で相手国から核兵器の反撃を受けるとなると、核兵器を撃ち込む決断をためらうでしょう。これが抑止です。

ところが、核の傘で守られている側からすると、安心するには5%では足りません。

まるで20回に19回は見捨てられるように感じます。100%が無理だとしても、せめて95%の信頼性が欲しいところです。このように同盟国を安心させることを「安心供与」と言います。「抑止」と「安心供与」は似て非なるものなので、異なる方策が必要になります。

この双方のギャップが、核抑止の論点を難しくします。

さらに、95%の信頼性があれば安心できるとしても、何が満たされれば95%なのかというのは、守られている国が自分で決めなければならない問題です。安全安心というのは主観的なものなので、アメリカ人から「これで安心できるでしょ」と言われても、こちらが安心できるとは限りません。

ですから、何があれば安心なのか、日本人が自分の頭で考えなければならないのです。

そこでときどき言及されるのが、核シェアリングです。第1章で触れた通り、1970年代にアメリカとソ連が共倒れ関係を確実にしたとき、不安に駆られたヨーロッパの同盟国が自国にアメリカの核兵器を置き、アメリカから同盟国を見捨てないというメッセージを受け取ることになりました。

現在のNATOで行われている核シェアリングは、アメリカの核弾頭を同盟国に置いて、その核弾頭をアメリカが使っていいと言ったときに同盟国の飛行機で運んで落とすというのが、実際の運用方法になっています。

核シェアリングについては、「同盟国が核兵器を使いたいと思ったときに使える」と誤解している人が多いようです。

もちろん、そんなことはありません。**あくまで核兵器の使用を決断するのはアメリカ大統領**なので、**アメリカ大統領と同盟国の首脳が合意**して**アメリカの核弾頭を同盟国の飛行機で運んで落とす**という展開が想定されます。

ところが、両首脳が合意するばかりとは限りません。同盟国の首脳が一方的に使いたいと思えば勝手に使えるのかというと、そうではないのです。

核シェアリングの構造

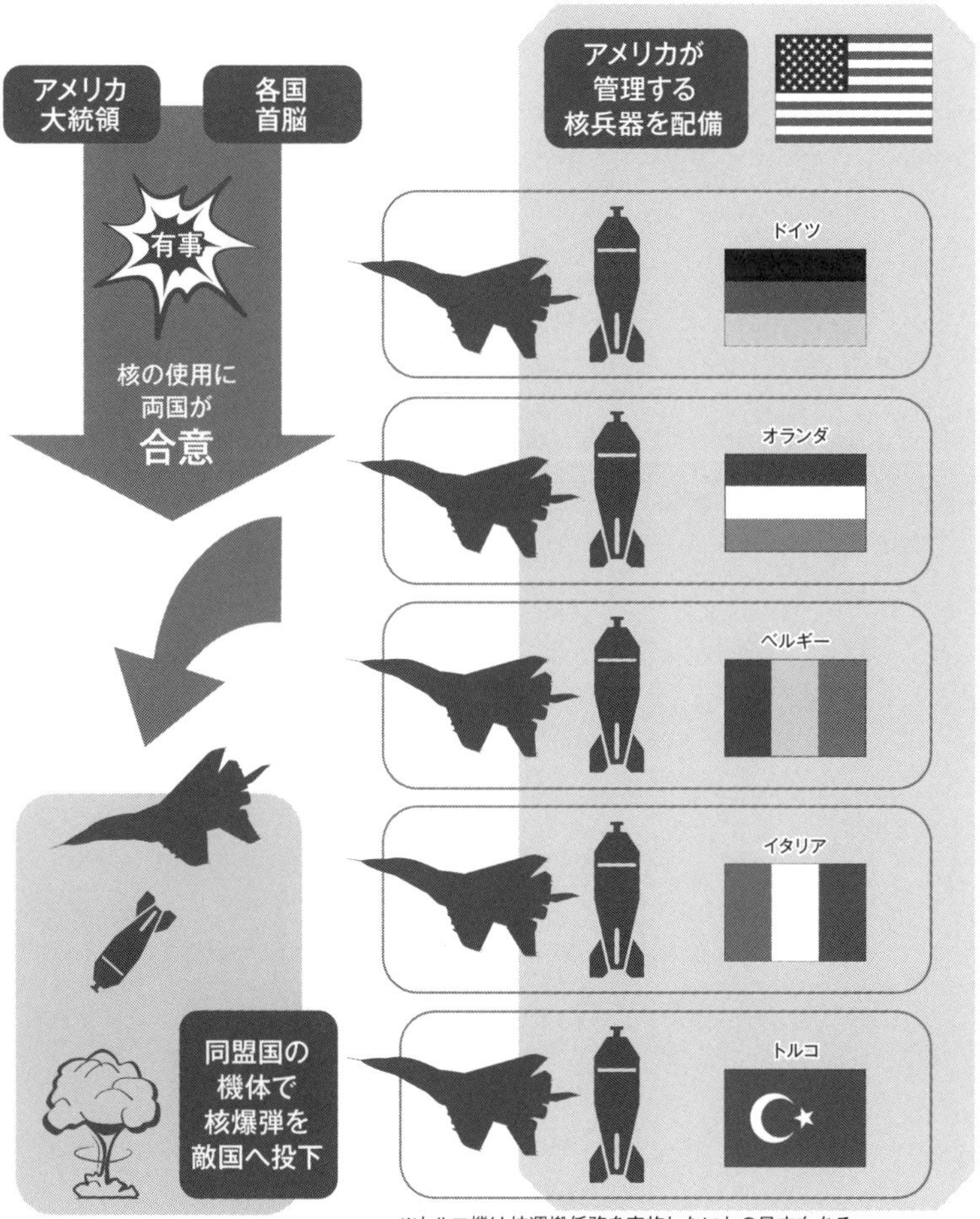

※トルコ機は核運搬任務を実施しないとの見方もある

同盟国の首脳が使いたいと思ってもアメリカの大統領が使うべきではないと思っていたら、それを使うことはできません。

逆に同盟国の首脳が使ってほしくない状況でアメリカの大統領が使うと決めた場合は、その核弾頭を同盟国の飛行機で運ぶことはできません。ですから、ある種の拒否権はあると言えるかもしれません。

ですが、このときアメリカは別の核弾頭で攻撃すれば目的を達成できます。同盟国に核弾頭を置いているからといって、何かが具体的に変わることはないのです。それでも、アメリカの核弾頭が自国の領土にあって、それを自分の飛行機で運ばないと国民が安心できないなら必要、というレベル。まさに気持ちの問題なのです。

ですから、核シェアリングに限らず、何があれば十分な信頼性が担保されるのかという問いに対する答えは、日本人自身で出さなければなりません。それがなければ、アメリカも「じゃあ、俺は何をすればいいの？」と困ってしまうことでしょう。

NBCについてトップレベルの経験値を持つ自衛隊

ここでようやく、日本に降りかかる核の脅威の第3段階、結果管理についてです。

最悪の事態が生じてしまったときに、その結果の広がりをどうマネージするか、いかに国民を保護するかという課題です。

過信は禁物ですが、実は自衛隊は、**NBCと呼ばれる核生物化学兵器の対処経験が、世界で最も豊富な軍事組織**です。

オウム真理教事件で化学兵器の対処を行い、福島第一原発と東海村のJCOで放射線対処を行い、生物兵器対処に類似する感染症対処をダイヤモンドプリンセス号で実施しています。

よって、NBCのすべてについて経験済みなのです。ここまで経験値の高い組織は、世界でも稀でしょう。

自衛隊のNBC対処経験

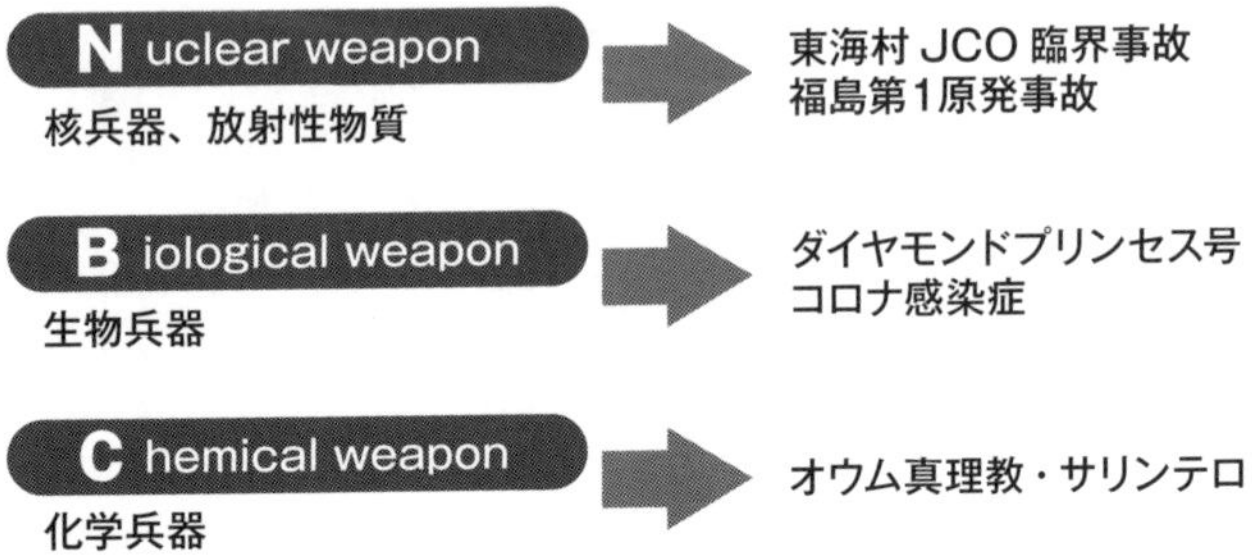

自衛隊は、NBC兵器による攻撃への対処能力を向上するため、陸上自衛隊の中央特殊防護隊、対特殊武器衛生隊などを保持しているほか、化学、衛生科部隊の人的充実を図っている。

たとえば、東日本大震災後の福島第一原発対策でアメリカ海兵隊のCBIRF(Chemical Biological Incident Response Force:化学生物事態対処部隊)と呼ばれる対NBC部隊が駆けつけてくれましたが、装備は日本側のほうが充実していました。

誇れる話かどうかは別として、その時点ですでに、自衛隊は臨界事故を経験済みでしたからね。

そうした意味で、自衛隊の対NBC能力は世界の中でもずば抜けて高いのです。

知っておくべき!

憲法ではなく政策で持たなかった反撃能力 大切なのは戦略レベルの判断

これまでは純然たる防衛策に関する解説をしてきましたが、本項では一歩踏み込んだ反撃能力、敵地攻撃に関して掘り下げていきましょう。

今後の防衛費増額との関連で、共食い整備を解消する持続性・強靭性の予算として約43兆円のうち約15兆円が割かれていると紹介しました。これとは別に、スタンドオフ防衛能力には約5兆円とされています。持続性、強靭性の予算の3分の1です。

このスタンドオフ防衛能力には反撃能力が含まれます。「反撃能力」という名前になったのはごく最近のことで、以前は「策源地攻撃能力」と呼ばれていました。どちらも、自国領内に攻めてくる敵戦力に応戦するものでなく、敵国領内の軍事目標に攻撃を仕掛ける、という意味で同義です。

これは１９５９年の鳩山一郎首相による「座して自滅を待つのが憲法の趣旨とするところだというふうには、どうしても考えられないと思う」という答弁が原点にあって、「相手がミサイルを撃とうとしているときに撃ち返すというのは、今の憲法でも認められている」と解釈されています。そのための反撃能力を持つことは憲法に違反しない、とされてきたのです。

しかし、**日本としては政策的に相手を攻撃する力を持たない**ということを決めてきました。**憲法で縛られているのではなく、日本政府が政策的にやらないと決めていた**だけです。そこから前進することを、２０２２年の戦略3文書の策定により決断したわけです。

呼び名に込められた反撃能力の姿勢

かつての策源地攻撃能力という呼び名は、軍事用語が由来です。策源地というのは、相手が作戦を始める場所、補給拠点のこと。英語ではPoint of Origin

と言い、そこを叩くという考え方です。

その後、敵地攻撃と言ったり、敵基地攻撃能力と言い換えたりするようになりました。「敵地」だと敵の領土全体を含みうるし、「敵基地」だと領土全体ではなく敵の軍事施設に限定されることが明確になるため、言葉が選ばれてきたのです。

このほか、話題になるたびに新しい言葉が生まれて「ミサイル阻止力」と呼ばれたこともありました。

この問題が真剣に議論されるようになったきっかけは、1998年のテポドンミサイルの日本上空通過です。このときに北朝鮮のミサイルに対してこちらが撃ち返すことができるのか否かということが国会で議論され、1959年の鳩山答弁に言及されるようになったのです。

その後、北朝鮮の核実験や、インパクトのあるミサイルが発射されるたびに、日本も策源地攻撃能力なり敵地攻撃能力を持つべきだということが議論されてきました。そのミサイル攻撃能力について最終的に決断をしたのが、今回の戦略3文書なわけです。ついに名前に実践が伴い、具体化していくことになりました。

しかし、どのようにミサイルを配備運用していくかがなんとも難しいのです。相手が北朝鮮のミサイルであれば、発射台は移動式です。移動式のミサイルを攻撃するのはとても難しくて、湾岸戦争時の米軍は、ほとんど成功していません。しかし、米軍は湾岸戦争の失敗から様々な学びを得て、イラク戦争のときには成功率がぐんと上がりました。失敗を恐れて立ち止まるよりも、まずは行動が大事ということですね。

傍観者では的確な行動がとれない

米軍がいるから日本は反撃能力を持たなくてもいいのではないか、という論があります。

実際、アメリカの能力と比較すれば、自衛隊の取り組みはまだ始まったばかりです。日本が単独で持つ反撃能力がどの程度まで有意義かについて疑問を持つ人もいるでしょう。

しかしこれは0か100かの議論ではありません。日米同盟にどれだけの付加価値をつけられるかに注目してみましょう。移動式の敵ミサイルを攻撃するのはとても難しいので、戦力はいくらあっても足りません。そこで、仮に米軍が100の力を、日本が20の力を持っているとします。そう考えると日本が20であっても、アメリカの100の力との合算で120の力になることには、大きな意味が生まれます。移動式ミサイルへの攻撃は難しく、できるだけ多くの力を積み上げていく必要があるからです。もしかしたら日本が積み上げた20の差で北朝鮮の核ミサイルを阻止できるかもしれません。その意味で、米軍を量的に補完する価値は非常に大きいのです。

あと1つ、反撃能力のような対地攻撃のオペレーションというのは大変なコストがかかり、リスクも伴います。この部分に関して日本はこれまでアメリカにフリーライドしてきました。米軍はフリーライドしている相手の意見は聞いてくれませんし、情報も分けてくれません。軍事作戦の情報共有はNeed to know、知る必要があるかどうかで判断されるので、日本が反撃作戦に参加しない以上は「情報を伝える必要なし」という相手になってしまいます。

極論ですが、アメリカはどこを攻撃するかを自分たちだけで決めて、自分たちだけで行っても文句は言えません。日本側が攻撃してほしいところを攻撃してくれるかどうか、確約はありません。

仮に半島有事が起こったとします。その場合、指揮を執るのは在韓米軍です。あるところに、ノドンミサイルの部隊を見つけた。また別のところに、スカッドミサイルの部隊を見つけた。そこで攻撃できるのはいずれか1カ所だけだとしましょう。すると、在韓米軍はスカッドミサイルへ攻撃を仕掛ける可能性が高いでしょう。ノドンミサイルは日本に届きますが、朝鮮半島を攻撃できないので、在韓米軍の脅威になりません。ところがスカッドミサイルは日本には届きませんが、韓国を攻撃できます。ならば、まずそこを潰そうということになるわけです。

そうこうしているうちにノドンミサイルは日本に飛んでくるかもしれません。これまでのかたちでは、この意思決定に日本は一切参加できません。なぜなら、アメリカにフリーライドしているだけで、オペレーションに参加していないからです。

しかし、わずか20であってもアメリカの能力に日本が積み増しできれば、少なくともノドンミサイルの情報を共有することができますし、「アメリカがやらないなら俺たちがやるから」ということで、一緒に意思決定して備えることができます。

逆に傍観者の姿勢でフリーライドのままだったら、けっして適切な行動はとれないのです。

相手がミサイルを撃つ前に反撃できるのか？

反撃能力の議論は、先制攻撃と混同されることが多いです。しかしこの両者ははっきりと区別する必要があります。日本にはBMDがありますから、相手の第一撃に対してはBMDで対処することができます。なので、**反撃能力は基本的には相手から第一撃を受け、その後攻撃が続く場合に反撃能力も使用して対処する**、というかたちになります。この点は重要なので正確に理解してください。

また、いずれにしても、**相手が武力攻撃に「着手」する前に反撃能力を使用するのは、国際法で認められない先制攻撃**となります。こういった先制攻撃を行う意図を日本は持っていません。

ポイントは、**武力攻撃に「着手」したがまだミサイルを撃っていない状態において反撃能力を使用できるか**ということです。この点については、①情報の論点、②法的な論点、③戦略の論点があります。

まずは①情報の論点について。反撃能力によってミサイル発射を阻止するには、相手が撃つ前にその準備行動を正確に把握する必要があります。何も知らない状態では反撃どころの話ではありませんし、それが正しい情報なのかどうかも精査しなければなりません。それを、手遅れになる前に済ませる必要があるのです。

敵がミサイルの発射準備段階にあることがわかったとして、②法的な論点で、こちらが攻撃することが法的に認められるでしょうか。国際法的には可能でも、憲法に触れる可能性がないかどうか。この点については、憲法と国際法によって決まってきます。

ただ、法的な解釈を詰めていくことにはあまり意義はないかもしれません。というのは、最後の③戦略的な判断が行動に大きく影響するからです。

たとえば、ウクライナ戦争が始まる2022年2月23日の深夜、ロシアがウクライナの領土に向けてイスカンデルミサイルを発射しようとしていることがわかったとします。そのとき、ウクライナのミグ29も出撃態勢が整っていたとしましょう。そして軍から、「先にイスカンデルを空爆したら、防衛作戦を有利にできる」とゼレンスキー大統領に進言があったという状況を仮想シナリオとして思い浮かべてください。そのときのゼレンスキー大統領の立場に立ってみたとき、ロシア軍が地上侵攻に移る前にミサイルを攻撃する決断をするべきでしょうか。この判断は非常に悩ましいです。

先に攻撃すれば、最初の空襲はある程度減らすことができるでしょう。しかしそれをやったら、ロシアに一方的に侵略されているという立場ではなくなってしまいます。その後の政治的な展開が難しくなる可能性があります。

これはもう、法律の問題ではないのです。政策決定者がその国の命運を背負って決めるべき問題で、完全に戦略の論点なのです。

先に撃つほうが得か、撃たれた上で周りに助けてもらうほうが得かという損得勘定ですが、おそらく法的な解釈よりもこちらのほうが、国家の行く末を考えた場合、はるかに重要です。

第4章

大きく変わりつつある日本の自衛隊

基盤的防衛力構想の時代の考え方とその変化

第3章までは、東アジアの安全保障における危機的状況と、それに対応してきた日本および陸海空自衛隊の推移と課題について解説してきました。

本章では、陸海空自衛隊の現在の考え方を、昔の基盤的防衛力構想にも触れながら紐解き、日本という国家の独立主権と東アジアの情勢安定にいかに貢献しうるか、装備する各種兵装にどのような意味があるのかを解説していきたいと思います。

知っておくべき!

機動運用と地域防衛の2本柱 主戦場は「南西重視」への転換

まず最初に、陸上自衛隊の基本的な構成について。

作戦基本部隊が14個で機甲師団1個。作戦基本部隊は当初は13個でしたが、沖縄返還に伴って1つ増えて14個になりました。これまでに師団と旅団の組み替えや、機動師団、機動旅団の組み替えが行われていますが、基本単位は14個で固定しています。

その中で、冷戦期は特に北方防衛を重視したかたちで、北海道に4個師団を配置。そのほかの本州、四国、九州の部隊は、有事になったら北海道に移動するという考え方でした。

なぜ作戦基本部隊が14個なのかというと、これは日本の地形に起因します。山川論とも呼ばれるのですが、日本全体を山や川という地形的要素で区分けした結果、14個の区画に分けられたわけです。沖縄返還以前の日本は13区画でしたが、返還後の沖縄に新たに作戦基本部隊を配置して14個となりました。

この地形区画による基本単位の振り分けには、1つの大きなメリットがありました。それが、災害派遣の迅速性の確保です。

戦後しばらくは、自衛隊に対する反ミリタリー的な感情が、広く国民全般に抱かれてきました。その中で、災害派遣などで地元と関わりながら自衛隊の存在を受け入れてもらう努力を重ねてきたのです。

日本のように災害が多い国では、災害派遣は陸上自衛隊の非常に重要な任務です。加えて**「隙のない防衛態勢を構築する」**という考え方に基づき、1976年の防衛大綱で示された基盤的防衛力構想で、地形で区切った形で陸上自衛隊の作戦基本部隊を均等配置するというスタイルが採用されました。

また、基盤的防衛力構想は、地理的のみならず機能的にも「隙のない」ことを目指していました。

そのため、陸上自衛隊は、近代戦を行う重要な能力を一通り揃えるために、機甲師団1個、空挺団1個、ヘリ団1個を整備しています。

冷戦期は、陸上自衛隊は北海道へのソ連の侵攻からの防衛を重視していました。しかし冷戦が終結し、中国の軍事力がすさまじい勢いで近代化されていく中、南西諸島の防衛を重視する方向に変化しています。

ここで問題になったのが、南西諸島に陸上自衛隊がほとんど駐留していなかったことでした。

石垣島や宮古島への陸上自衛隊の配備も進められましたが、基本的には、本格的な侵攻が発生した場合には、本土から部隊を機動展開させて対処することになります。

そのため、現在の作戦基本部隊は、地域防衛を主とする部隊と、機動展開を担う部隊（機動師団、機動旅団と言います）とに分けられています。

南西諸島でのプレゼンス強化が大きな課題に

自衛隊も米軍も、基本的には旧軍の駐屯地だった土地を使用しています。そのため、本土では新しく基地を取得した例はほとんどありません。

しかし沖縄の場合は、旧軍の基地があまりありませんでした。理由ははっきりしています。太平洋戦争当時の日本は台湾までが領土でしたから、主要な軍事拠点は台湾にあったのです。１９４４年にサイパンが陥落した後で防衛拠点を確保する必要に迫られ、そこでようやく沖縄のプレゼンスが増えていきました。こうした経緯のため、沖縄は旧軍の使っていた現在の嘉手納基地を米軍が占拠した後、さらに戦後も軍用地にできるところを接収して基地にしていきました。その意味で、基地問題の性格が違います。そこに陸上自衛隊が新しく土地を必要としたので、宮古島や石垣島でも地元との非常に丁寧な調整が必要だったのです。

知っておくべき!

地上戦闘の要となる戦車 離島防衛でも重要な役割

陸上自衛隊の装備でみなさんが一番イメージしやすいのは、やはり戦車でしょう。第1次世界大戦末期から登場し、第2次世界大戦では地上兵力の主役として世界各国の陸軍で活躍しました。

陸上自衛隊は一〇《ヒトマル》式と呼ばれる有力な戦車を保有し、機甲戦術の鍛錬・演練を重ねています。今ウクライナ戦争でも明らかになっているように、戦車は陸上戦闘における単体では最強の兵器で、戦車が軸になって陸上戦闘は組み立てられていくのです。

たとえば対戦車ミサイルがあって、この戦争でもジャベリンがロシアの戦車を多数撃破したと言われています。しかし、対戦車ミサイルではまとまった土地を制圧することはできませんし、相手の塹壕を突破することもできません。

10式戦車

乗員3名　全長9.4m　全幅3.2m　全高2.3m　最高速度約70km/h
120mm滑空砲　12.7mm重機関銃　74式車載7.62mm機関銃

対機甲戦闘・機動打撃などで使用する国産戦車。C4I（指揮・統制・通信・コンピューター・情報）機能が特徴。

出典：陸上自衛隊ホームページ

相手の塹壕を突破するには、やはり戦車が必要なのです。

攻めるだけでなく、地上の守りにおいても戦車は最強です。たとえば戦車が島を守っているところに上陸してくる敵がいた場合、戦車を持っていないとまず勝ち目はありません。ですから、攻めるほうも戦車を持ってこなければならないわけです。ところが、戦車を持ってくるとなると、大型の輸送船が必要ですし、燃料や弾薬の補給の負荷が大きくなるので、それだけ作戦が難しくなります。つまり、抑止力になるのです。

そういう意味でも、南西諸島という離島の防衛が中心として考えられている現代の日本の防衛戦略としても、やはり戦車が必要だということです。

また、陸上自衛隊は発足以来、戦車を中心とする諸兵科連合戦闘の訓練を積み重ねてきました。諸兵科というのは、大きく分けると、戦車、歩兵、対戦車砲や対戦車ミサイルの部隊の3つです。

このうち**戦車は歩兵に勝つ、対戦車ミサイルは戦車に勝つ、歩兵は対戦車ミサイルに勝つという関係**にあります。一種のジャンケン関係ですね。ただし、ジャンケンと違って、実際の戦場では3つの手をすべて出すことができます。つまり、戦車と歩兵と対戦車ミサイル、そして砲兵とを一糸乱れぬかたちで連携させることが必要なのです。しかし、この諸兵科連合戦闘を実践するためには、大変な時間とコストを費やした訓練が必要です。せっかく今の陸上自衛隊にはそれができる状態なのに、そのノウハウを捨て去るのは、あまりにももったいない話です。今般のウクライナ戦争が始まる前にも、一定のノウハウは絶対に残そうというような考えもありました。

ですから、これからも戦車は陸上自衛隊の中核であり続けるでしょう。

機動展開に適した機動戦闘車

戦車に似た装備として、機動戦闘車があります。陸上自衛隊で保有しているのは、一六式《ヒトロク》機動戦闘車です。キャタピラではなくてタイヤで走り回る、それなりに大きい砲を積んだ戦闘車輌という設計思想で、一〇式戦車の積んでいる大砲が120ミリであるのに対し、一六式が積んでいるのはひと回り小さな105ミリの砲です。フランスがウクライナに供与したAMX10という軽戦車、米軍が供与したストライカーという戦闘車輌の一部のバージョンが、同じような考え方で作られています。

機動戦闘車のほうが軽量で低コストなので、戦車の代替にならないかという意見があるのですが、結論から言うと、できません。

理由はキャタピラではないからです。機動戦闘車はタイヤを履いているので、ぬかるみなどの踏破能力がキャタピラに劣ります。また、キャタピラよりも車

16式機動戦闘車

乗員4名　全長8.45m　全幅2.98m　全高2.87m　最高速度約100km/h
105mm施線砲　12.7mm重機関銃　74式車載7.62mm機関銃

空輸性および路上機動性に優れ、軽戦車などを撃破する装輪式の国産装甲戦闘車。

出典：陸上自衛隊ホームページ

体が揺れるので、砲の命中率が戦車より落ちます。

ではなぜ自衛隊だけではなく西側各軍が機動戦闘車輌を運用しているのかというと、戦車よりも運びやすいからです。

戦場というのは、お互いのベストの戦力が展開して、そこで「用意ドン」で戦闘が始まるわけではありません。ですから、最初は小競り合い程度の紛争が発生している場所にできるだけ早く戦力を展開することが、その後の戦場支配の有利不利を分けるポイントになります。ところが戦車は、飛行機で運ぶのは難しく、戦場に展開するまでに時間がかかります。

しかし、機動戦闘車なら空輸できるので、紛争地に急行できます。戦う双方とも戦車がない場合、片方に105ミリ砲があって敵に105ミリ砲がなければ、当然ながら105ミリ砲があるほうが圧倒的に有利です。相手側に戦車が到着したら状況はひっくり返りますが、有利であるうちに雌雄を決してしまう、もしくは自軍の戦車が到達するまで戦場を支配する、という趣旨で運用されている車輌なのです。

陸上自衛隊には機動旅団、機動師団と呼ばれる部隊がありますが、それら部隊の主要な装備品が、この一六式機動戦闘車です。

島嶼防衛で重要な水陸両用車輌

離島で有事が発生するケースで想定しうるのは、無人、もしくは防衛力が脆弱な島に敵性武装勢力が上陸し、その島を奪還すべく水陸機動団が上陸作戦を実施するという場面です。

水陸両用車（人員輸送型）

| 全長　8.2m | 全幅　3.3m | 全高　3.3m |
12.7mm 重機関銃　40mm 自動てき弾銃
海上機動性および防護性に優れ、島嶼部へ海上からの部隊などを投入する装軌式の水陸両用車。

出典：陸上自衛隊ホームページ

上陸作戦というのは、口で言うほど簡単な作戦ではありません。一番シンプルな方法は人間がボートを砂浜につけて上陸するというものですが、おおむね待ちかまえる敵の銃撃の的になってしまいます。ですから身を守るための強靭な盾となるものが必要で、**装甲があり、海上を進んで地上走行も可能な水陸両用車輌が強みを発揮**するのです。

仮に尖閣諸島に不法に上陸した武装漁民を相手に同じ条件で戦うことになれば、銃撃戦でお互いに相応の死者が出ます。しかしこちらに水陸両用車輌があれば、装甲が敵の銃撃を弾いてくれるので、味方に無用な犠牲を出さず一方的に有利に状況を展開できます。敵が水陸両用車輌に対抗するためには自分も装甲車輌を持ってくる必要がありますが、いくら過激とはいえ武装漁民が装甲車輌を調達して離島まで運んでくるのは難しいでしょう。できるとしたら、それはもはや軍隊です。

日本が漁民に扮した武装集団から島を取り戻す力があれば、中国側が諸島を実効支配するために行う方策のレベルを上げなければならなくなり、それだけ計画実行が困難になります。武装漁民だけでなく、装甲車両が必要になりますから。そうした抑止効果と実効性を含んだ役割が、水陸機動団にあるわけです。

特殊作戦群の任務とは?

陸上自衛隊には、特殊部隊もあります。2004年に編成された特殊作戦群です。特殊作戦群創設のきっかけは、北朝鮮の特殊部隊への危機感が背景にあったものと推察されます。

自由落下傘（富士総合火力演習・第1空挺団）

自由落下傘による航空機からの降下。　出典：陸上自衛隊ホームページ

1996年、北朝鮮特殊部隊の乗艦していた潜水艦が浅瀬で座礁して38度線以南の韓国領土内に上陸し、韓国軍が山狩りを行うなど、解決までに長い時間を必要とした事件がありました。そこから特殊部隊の整備が日本でも急務であると認識されたわけです。陸上自衛隊には第一空挺団というパラシュート降下部隊があり、その中から特別に選抜された隊員を特殊作戦群に配置しているようです。

特殊作戦の考え方はいくつかありえて、例に挙げた北朝鮮特殊部隊のような**いつ来るかわからないテロリストに備える**という場合と、有事が発生した際に敵後方撹乱を

実行するパターンがあります。どちらも同じ荒仕事に見えますが、この2つはまったく目的が異なります。前者の場合は24時間365日の即応態勢を整えておく必要がありますが、後者の場合は有事の際に出番がめぐってくるので、いわゆる平時から警戒態勢を高めておく必要はありません。

そして、日本が選択したのは前者です。前者であれば後者にも対応できます。いつ来るかわからないような特殊作戦に対応できる、選抜された隊員からなる部隊を作ったわけです。

知って おくべき!

冷戦期から備えていた地対艦ミサイル、地対空兵器を持つのは陸自? 空自?

最近、海外の陸軍種でも重要な役割と考えられるようになりつつあるのが、ミサイル能力です。

特に陸上自衛隊の場合は、第3章で触れた通り冷戦期から地対艦ミサイル、地対艦誘導弾を持っていました。ソ連軍の北海道侵攻を防御するため、旭川の北方の音威子府《おといねっぷ》の谷間で地上戦を展開して食い止めるというのが主たる任務でしたが、ソ連軍に音威子府まで進まれても三海峡封鎖を継続するために、音威子府から撃てば宗谷海峡まで届く地対艦ミサイルを作ったわけです。

こうした用途の地対艦ミサイルを持っている西側の陸軍は、実はほとんどありませんでした。基本的に西ヨーロッパの陸軍の目的は、ヨーロッパでドイツを守るために戦うというものでしたし、圧倒的な米軍の優位が前提ですから、

12式地対艦誘導弾
【誘導弾】
全長約5.0m
直径約35cm
重量700kg
対上陸戦闘に際して、洋上の艦船などを撃破する国産の対艦誘導弾。

出典：陸上自衛隊ホームページ

地上から艦艇を撃つという軍事行動はあまり必要とされていなかったのです。

むしろ、米軍に対抗するために作られた中国のシルクワームというミサイルが北朝鮮にも導入するなどしていて、どちらかというと米軍の敵対陣営が持ちがちな兵器です。

そんな中でも、陸上自衛隊は陸軍種の対艦戦力が必要であるという考えを現在も維持しており、地対艦ミサイルを整備しています。冷戦末期の1988年に採用された八八式地対艦誘導弾の後継モデルとなる長射程の一二《ひとふた》式地対艦誘導弾も配備されています。

米軍もこの能力には興味を持っていて、米陸軍と陸上自衛隊の協力も行われているところです。

防空システムの分担

もう1つ、陸軍種で注目されているのが対空ミサイルです。

自衛隊が最初に対空ミサイルを装備するときに、「対空ミサイルは航空自衛隊が持つべきか、陸上自衛隊が持つべきか」という議論が起こりました。

結果的にどうなったかというと、陸上自衛隊の部隊を守るミサイルは、陸上自衛隊が保有することになりました。端的にいえば、**射程距離の短い局地的なミサイルは陸上自衛隊が持つ**という形です。

逆に日本全体に網をかけるような**射程の長い対空ミサイルについては、航空自衛隊が持つ**ということになりました。

ですから冷戦期は陸上自衛隊がホークという地対空誘導弾を持って、航空自

【誘導弾】全長約4.9m　直径約28cm　重量454kg

作戦地域、重要地域などにおける部隊、施設を掩護する国産の対空誘導弾。

出典：陸上自衛隊ホームページ

衛隊がナイキというミサイルを持ちました。

それが代替わりして、陸自ではホークの後継として03式中距離地対空誘導弾が採用されており、これは中SAMという通称で知られています。

これは航空機を撃墜する能力と巡航ミサイルに対処する能力の両方を持っていて、今後は極超音速兵器に対抗するための能力強化を行う予定です。ちなみに、航空自衛隊のナイキはパトリオットに代替わりしています。

なぜ地上からのミサイル戦力が注目されているかというと、中国側のミサイル戦力が非常に高くなってきたからです。

地上であれば、中国からミサイル攻撃を受けても、それこそ洞窟陣地や、常に移動して中国の攻撃をかわしながらミサイルを撃つことができます。

そのため、陸軍種のミサイル能力が非常に高く評価されるようになってきたわけです。

こうした傾向は今後も強まり、陸軍種が海や空の戦いに関わるためのミサイルを整備していくというのが、日本のトレンドになりつつあります。

陸上自衛隊ではさらに、島嶼防衛用高速滑空弾という国産の極超音速兵器を配備予定です。

これは離島防衛の際、相手の上陸部隊を攻撃するために使われるもので、これも地上から撃ちますから、中国側のミサイル攻撃や空爆に対して生存性が高いと考えられています。

V-22（オスプレイ）

乗員3名（操縦士など）＋24名　巡航速度約465km/h　航続距離約2,600km
全長約17.5m　全幅約25.8m　全高約6.7m

兵員を輸送するティルトローター機。

AH-64D（戦闘ヘリコプター）

乗員2名　最大全備重量10,400kg　最大速度約270km/h
全長17.73m（胴体長14.96m）　全幅14.63m（スティンガーランチャー搭載時5.70m）
全高4.9m　ローター直径14.63m

メインローター上のロングボウレーダーなどにより、地上の200を超える目標の探知が可能。また、デジタル通信式のデータリンクシステムを搭載し、戦術情報を共有することができる。

出典：『防衛白書』（2022年度版・防衛省）／陸上自衛隊ホームページ

知って おくべき!

米軍の補完を前提に構築されたが、組織改編を工夫してオーバーワークを軽減

陸上自衛隊や航空自衛隊は、自己完結的に能力を整備する傾向があります。それに対し、海上自衛隊はかなり初期の段階から、米海軍の補完ということで方向性が決まっていました。米海軍が空母を中心とする打撃力を整備しているので、それを補完するために対潜水艦能力と対機雷戦能力を重視していくというコンセプトです。

もう1つ、海上自衛隊は太平洋戦争中に米軍が大量に撒いた機雷を掃海する必要があり、実オペレーション上もかなりのリソースを割いてきました。

4個の護衛隊群を中心としていた基盤的防衛力構想

基盤的防衛力構想の時代では、海上自衛隊は4個の護衛隊群と5個の地方隊を配備することとなっていました。このうち護衛隊群は機動運用する艦隊です。外洋作戦が主体で、1つの護衛隊群がヘリコプター護衛艦1隻、防空ミサイル護衛艦が2隻、汎用護衛艦5隻の8隻からなります。なぜ4個揃えるかというと、4個の護衛隊群がないと常時1個の護衛隊群をすぐ動ける状態で待機させることができないからです。艦艇は定期的に整備しなければなりませんし、海上勤務を終えた乗員には休養が必要です。整備や休養した後の艦艇や乗員は訓練をしなければなりません。

このように、整備や訓練のローテーションを考えると、実任務に就くことができる護衛隊群を少なくとも1個確保するためには、4個の護衛隊群が必要となるのです。

一方の地方隊5個というのは、戦前の鎮守府にあたる舞鶴や呉、横須賀などの重要な港を守るための部隊です。

つまり、護衛隊群1個あたり8隻×4＝32隻、地方隊1個あたり3隻×5＝15隻。32＋15＝47に旗艦1隻が加わって計48隻というのが、基盤的防衛力における海上自衛隊の兵力構成でした。現在はこれが計54隻まで数が増えていますが、その主たる理由は、海上自衛隊の任務の増加です。

これはグレーゾーンのための東シナ海の哨戒任務や、ミサイル防衛との関係によるものです。すでに10年以上も、日本海でイージス艦がBMDの警戒任務に就いています。**このオーバーワークこそが、海上自衛隊にとっての最大の問題**なのです。

組織改編で柔軟な即応態勢を獲得

海上自衛隊のオーバーワークが深刻化するとともに、艦艇の運用をより柔軟

イージス艦による弾道ミサイル迎撃試験の様子。
『防衛白書』（2022年度版・防衛省）より

化していくことが必要になりました。特に、護衛隊群と地方隊に分けていると、地方隊の護衛艦15隻を機動的に運用することが難しくなります。そこで海上自衛隊は、護衛隊群と地方隊の区切りをなくすこととしました。最新の形は2022年12月に公表された戦略3文書で示されていますが、6個の群と21個の隊とに再編したのです。

これにより、艦艇を整備と訓練に回すローテーションの母集団も増えました。しかも、以前の32＋15＋1体制だと、15は軍港の警備に任務が限定されていましたから、残る32で尖閣諸島や日本海の哨戒任務を回さなければなりませんでした。現在はその区切りを取り払ったので、54隻すべてで、いかにやりくりするかを考えることができます。

ですからこれは、単純に48隻から54隻へ6隻増えたというだけではなく、実際に機動的に使える船の数が32隻から54隻に増えたことになるのです。

知っておくべき!

海上自衛隊が採用した哨戒艦は、「弱い護衛艦」ではなく「強い掃海艇」?

現在、海上自衛隊は東シナ海や日本海の警戒監視に忙殺されている状態です。その状態を解消すべく、2018年の防衛大綱別表で哨戒艦という新しい艦艇を建造することが公表されました。合計で20隻近くが建造される予定です。

武装は軽く、12・7センチの5インチ砲と垂直発射セル1つに対艦ミサイル、対空ミサイルが8発ほど。護衛艦と比較すると、たしかに圧倒的に軽い武装です。しかし、90人程度の乗組員で運行できるのが最大の特徴で、慢性的に人員不足が叫ばれている海上自衛隊にとっては、より効率的な哨戒行動が可能となる仕様です。

ステルス型の艦形も特徴のひとつに数えられるでしょう。だからこそ、護衛艦と比較されてしまうのです。しかし、海上自衛隊の需要を鑑みれば、これが

P-1 哨戒機

乗員11名　巡航速力450ノット　全幅35.4m　全長38.0m　全高12.1m

警戒監視、対潜水艦戦や捜索･救難などの幅広い任務に従事する国産の主力固定翼哨戒機。

出典：海上自衛隊ホームページ

護衛艦と比較するべき艦艇ではないということがわかります。

哨戒艦は、元々は掃海艇なのです。掃海艇を近代化するときに哨戒艦というかたちに振り替えるというコンセプトで計画された艦艇なので、**〝弱い護衛艦〟ではなく、〝強い掃海艇〟**なのです。機雷除去そのものも無人機でこなす、ハイテクの塊です。そう考えれば、上陸作戦や警戒監視のために必要十分な能力を持った存在だと理解できるでしょう。どういう運用構想なのかを見ずにスペックだけで比較しても、その船の評価はできません。

ではなぜ、強い掃海艇が必要なのでしょ

うか。

上陸作戦を実施するときは、敵が機雷を撒いている可能性が高いため、揚陸艦を守るために上陸予定地周辺を掃海しなければなりません。その役割を、少人数で運行できて外洋の単独航行も可能な、〝強い掃海艇〟である哨戒艦が担うのです。

いずも型護衛艦は何を変えるのか？

冷戦期の海上自衛隊は、8隻で構成する護衛隊群で8機のヘリコプターを運用する八八艦隊という構想を持っていました。8隻のうちヘリを使える護衛艦（DDH）が1隻、防空任務になるミサイル護衛艦（DDG）が2隻、駆逐艦に相当する汎用護衛艦（DD）が5隻という編制です。当時、しらね型護衛艦はヘリを3機運用でき、さらに5隻の汎用護衛艦がそれぞれ1機ずつヘリを使えたので、それで合計8機を使えたわけです。

「まや」型護衛艦

基準排水量 8,200t　乗員約 300 名
長さ 170m　幅 21.0m　深さ 12.0m　速力 30 ノット

最新鋭のイージス護衛艦。

出典：海上自衛隊ホームページ

ミサイル護衛艦もヘリの発着機能はありますが、ヘリを搭載せずにミサイルで艦隊全体を防空するという任務が与えられていました。

以前は、はたかぜ型護衛艦が就役していましたが、冷戦末期にアメリカからイージスシステムを購入することになって、こんごう型イージス艦に置き換わりました。その結果、ヘリ護衛艦1隻、イージス艦2隻、汎用護衛艦5隻という編制が護衛隊群の完成型になりました。現在では5隻の汎用護衛艦はあさひ型になり、イージス艦がシステムのアップグレードされたまや型になっています。

出典：海上自衛隊ホームページ

「いずも」型護衛艦

基準排水量 19,950t　乗員約 470 名
長さ 248m　幅 38m　深さ 23.5m　速力 30 ノット

統合運用や災害派遣時の司令塔的役割など、
多用途な任務に対応するヘリコプター搭載型護衛艦。

出典：海上自衛隊ホームページ

ヘリ護衛艦は、ヘリのニーズが増えたことを受けて空母のような外観のいずも型が採用されたことが、最近では最も世間を賑わせた変化です。垂直離着艦の可能なF-35の搭載も決まっており、今後の運用に注目が集まります。

アメリカの大型空母のように何十機もの戦闘機を搭載できるわけではありません。しかし、小笠原諸島や硫黄島周辺まで中国の爆撃機が飛来する可能性はありますから、その周囲の防空任務であれば、数機の戦闘機でも意味があるでしょう。

要は、使い方次第ということです。

高水準な日本のディーゼル潜水艦

潜水艦は、基盤的防御力構想で長らく16隻の編成が続いていました。16隻というのは、3海峡を封鎖するために必要な数を想定したものです。

ところが東シナ海の警戒監視の必要性が認識され、民主党政権下の2010年の防衛大綱で22隻に増やすことが決まります。

実は、冷戦が終わってからというもの、潜水艦の保有数については縮小圧力がありました。そのため2010年の防衛大綱では保有数が削減されるのではないかという危惧も抱かれていたのですが、逆に6隻も増やすことになりました。

というのも、2010年は最初の尖閣危機のタイミングで、漁船事案が起こった直後です。さらに中国が空母を建造するという情報が出てきた頃でもあり、

空母に対して空母を建造して対抗するよりも、むしろ非対称に潜水艦の能力を

増やしていったほうが費用対効果が高いだろう、という判断もあったのです。

しかも、日本の潜水艦は極めて優秀です。海上自衛隊が原子力潜水艦を保有するのは現実的ではありませんが、通常型、いわゆるディーゼルエンジン搭載型潜水艦は世界最高水準の性能を誇っています。

潜水艦は船舶の中でも特殊な構造なので、建造には高い技術が求められます。これは一朝一夕に獲得できるものではなく、実際に建造に携わる技術者や工員まで含めた造船メーカーの能力を高い水準で維持しておく必要がありました。一度技術の継承が途切れ、建造ノウハウや環境が失われると、データだけが残っていても同じクオリティで建造を再開するのは至難の業だからです。

ですから海上自衛隊は、三菱重工と川崎重工という2つの造船所に2年に1回、1隻ずつ新しい潜水艦の造船を発注するペースを維持して、建造技術が維持されるよう努めてきました。かつて潜水艦保有数を常に16隻でキープしていたことには、こうした背景があったのです。

ディーゼル潜水艦を自国で建造できない国は多く、2010年代にはオース

「そうりゅう」型潜水艦

基準排水量 2,950t　乗員約 65 名
長さ 84m　幅 9.1m　深さ 10.3m　速力 20 ノット
非大気依存型推進（AIP：Air Independent Propulsion）機関を搭載した潜水艦。

出典：海上自衛隊ホームページ

トラリアが次期潜水艦を海外から調達するため、日本政府と協議を進めました。日本も、初の大型武器輸出の実現、さらに日豪の安保関係強化のために積極的なセールスに乗り出します。

しかし、交渉は難航しました。その後、オーストラリアの潜水艦購入はドイツとフランスを加えた3国間での入札となり、もっとも低価格をつけたフランスが勝利しています。

ただし、その後のコスト見積もりの増大から、オーストラリアは英米と協力して、ディーゼル潜水艦から原子力潜水艦に切り替えていくことになります。

SS-502「うんりゅう」

基準排水量 2,950t　乗員約 65 名　長さ 84m　幅 9.1m　深さ 10.3m　速力　20m ノット

「たいげい」型潜水艦

基準排水量 3,000t　乗員約 70 名　長さ 84m　幅 9.1m　深さ 10.4m

出典：海上自衛隊ホームページ

知って
おくべき!

防空能力に特化した航空自衛隊 そして反撃能力へ

航空自衛隊は、創設当時から防空能力を最優先してきました。B-29に苦杯を喫した前の大戦の記憶があったからかもしれません。航空自衛隊の特徴は、平素から対領空侵犯措置という任務を果たしていることです。

これは防空識別圏を監視しながら、不審な航空目標に対してはスクランブルをかけて状況を確認し、領空侵入を防ぐ任務です。対領空侵犯措置を行う基地では、"5分待機"として、スクランブルがかかれば5分以内に離陸できるように戦闘機とパイロットが待機しています。

そして、基盤的防衛力構想の時代には、この対領空侵犯措置のニーズから必要な戦闘機の数が導き出されていました。実際に対領空侵犯措置につく機体に加え、訓練と整備に必要な機体を足し合わせた数ということになります。つまり、ソ連空軍の戦闘機の数に関わりなく、日本の戦闘機の数は決められていたということです。

航空自衛隊は、初期のF-86から始まり、超音速のF-104、F-4、F-15というかたちで、米空軍の高性能な戦闘機を主力として導入してきました。そして今は、F-35に切り替わりつつあるというところです。もちろん、戦闘機以外に給油機やヘリなど様々な航空機を導入していますが、**戦闘機が航空自衛隊の背骨となっている**事実は変わりません。

ネットワーク能力の高いF-35

航空自衛隊では、最低でも2機種、できれば3機種の主力戦闘機を同時に運用するというのを基本としています。というのも、特定の戦闘機が何らかの事故を起こした場合、その原因が解明され、場合によっては発覚した問題点が解消されるまで、全世界で飛行停止になることがありうるからです。もし空自が

出典：航空自衛隊ホームページ

1機種に依存していてその戦闘機が事故を起こしたら、飛行停止で組織全体の機能が麻痺してしまい、国防上の大問題となってしまいます。ですから、常に複数種の機体運用が大前提となるのです。現在もF-15とF-35が併用されています。

なお、アメリカが作る戦闘機には大きな問題点があります。それが何かというと、価格概念の違いです。

とにかく世界最強の戦闘機を作るというのが米空軍のニーズで、たとえて言えば、性能を10％上げるために製造コストが2倍になってもいいという発想になりがちです。超高性能戦闘機と廉価版戦闘機の2機種を作るハイ・ロー・ミックスという考え方が米空軍の姿勢で、今ではF‐22とF‐35の組み合わせになります。

しかしここで、面白い現象が起こります。廉価版であるF‐35の開発が大幅に遅れたのですが、その間にネットワーク技術が様々な進歩を遂げたため、その技術を追加で盛り込んだF‐35は、トータルとしての戦闘能力を見ると、F‐22との差がほとんどなくなってしまったのです。ですから、ある意味でF‐35はお買い得でした。

それに加えて、新戦闘機が日英伊で共同開発されます。戦闘機開発では時代の最高技術が注ぎ込まれますから、技術のトラストファンドみたいなものとも言えます。

ただ、国際共同開発では意見衝突や利害対立、貢献度の大小など様々な問題が起こりがちですから、それをいかに乗り越えて完成にこぎ着けるかが、大きなテーマになるかもしれません。

F-15 戦闘機

乗員1名／2名　最大速力マッハ約2.5　全幅13.1m　全長19.4m　全高5.6m
20mm 機関砲　空対空ミサイル

優れた運動性能を誇る空自の主力戦闘機であり、国籍不明機への緊急発進など、空の守りを担う。

出典：航空自衛隊ホームページ

ミサイル vs 戦闘機

これからの未来、戦闘機は転機を迎えるかもしれません。対地攻撃用のミサイルの精度がすさまじい勢いで向上しているからです。

そうしたミサイルの開発・配備を積極的に進めてきたのが中国です。中国の短・中距離弾道ミサイルは極めて精度が高く、地上の目標にピンポイントで命中させることができると考えられています。

そうだとすると、戦闘機が地上にいる間に、格納庫や駐機場を正確に攻撃して撃破

F-2 戦闘機

乗員1名／2名　最大速力マッハ約 2.0　全幅 11.1m　全長 15.5m　全高 5.0m
20mm 機関砲　空対空ミサイル　空対艦ミサイル

日米で共同開発され、優れた技術が集結されている支援戦闘機。

出典：航空自衛隊ホームページ

できるようになる可能性があります。つまり、空中戦をしなくても、相手の航空戦力を無力化することができるかもしれないのです。

これまでは、相手の戦闘機が地上にいる間に破壊するのが難しかったので、**空中戦で撃破するというのが航空優勢を確保する上で重要**でした。しかし地上で撃破できるようになってしまうと、話は別です。

特に今の中国空軍の場合、F-22が上がってこられたら撃墜する能力はありませんが、地上にいる間なら無力化できます。どれだけ性能のいい戦闘機も1日の8割は地上にいますから、その状態で狙い撃ちを

弾道ミサイル防衛の下層迎撃を担う地対空誘導弾であり、弾道ミサイル発射事象に際しては、適所に展開して対応する。

出典：航空自衛隊ホームページ

されたら手も足も出ません。この問題を解決しないと、戦闘機は存在意義を喪失してしまいます。

ですから、これまでの延長線上で戦闘機という兵器の概念を考えるのは危険です。一方で、サイバー攻撃や電子妨害などで衛星を用いた誘導技術を無効にできれば、やはり有人戦闘機は重要になってきます。

もはや航空戦を戦闘機だけで考えることはできません。**宇宙やサイバー、電磁波を含めた全体を見渡しながら、戦いをデザインしていく**必要があるのです。

知って おくべき!

航空自衛隊はミサイル防衛の連係プレイで頭脳役を担う

北朝鮮の核・ミサイル開発を受けて、日本は2003年に弾道ミサイル防衛（BMD）システムを導入することにしました。それ以来、年間1000億円強のお金をかけてミサイル防衛を整備しています。実は、**射程1000キロ程度のミサイルに対する本土防衛用のミサイル防衛システムを整備し、全土をカバーできているのは世界の中で日本だけ**です。

このミサイル防衛の要となるのが、ほかならない航空自衛隊です。飛来するミサイルの軌道をC2BMC（指揮管制戦闘管理通信）システムで精査し、海上自衛隊のイージス艦が搭載するミサイル防衛システム（イージスBMD）と航空自衛隊のPAC－3の2層で、ミサイル防衛を展開します。航空自衛隊が持っているミサイルはPAC－3だけですが、システム全体では中核を担います。

先述したC2BMCはC2がコマンド（指揮）とコントロール（統制）、BMがバトルマネジメント（戦闘管理）、Cがコミュニケーション（通信）なのですが、ここで重要な意味を持つのがBM（戦闘管理）の部分です。飛んできたミサイルを迎撃するとき、命中撃墜できればそれでよし。しかし外れたらまた次のミサイルを発射しなければなりません。もし大量のミサイルが飛んできたら、どのミサイルをまず迎撃するのか、最初のイージス艦から撃った後、2隻目のイージス艦でどれを撃つのか、さらに撃ち漏らした瞬間にPAC－3でどれを撃つのかを決定するのがBM（戦闘管理）です。実際にミサイルが飛んできた場合には、様々なアセットを組み合わせて対応策を判断する必要があります。その機能を担うのが、航空自衛隊のJADGEシステムです。

前項で航空自衛隊は防空能力を重視していると解説しましたが、日本全土となるとかなりの広さなので、音声通話のやり取りでは賄いきれません。そのためレーダーからの情報を1カ所に集めて、どこから戦闘機を上げてどこに迎撃させにいくのかということを決める管制センターが必要です。

そのために構築された防空システムのことをIADS（統合防空システム）といいます。これを最初に作ったのはイギリスで、第2次世界大戦中のいわゆるバトル・オブ・ブリテンでドイツ空軍と戦うために考案されたものでした。当時は地図上にコマを置いて表示していたわけですが、今はそれがすべてコンピューター化されています。

日本におけるIADSとして最初に作られたのがBADGEシステムでした。これは今ではJADGEシステムとなっています。このシステムで日本周辺の空域を24時間監視し、何か異常行動があれば5分待機の戦闘機を振り向けて対処するのです。そこにさらにBMD能力を付加するという形で、日本のBMDの頭脳部ができ上がったのです。ですから、航空自衛隊がミサイル防衛に関して保有しているミサイルはPAC-3だけですが、航空自衛隊のJADGEシステムがなければイージス艦もBMDで活躍することができないわけで、空自は枢要な役割を果たしているのです。

総合ミサイル防空のイメージ図

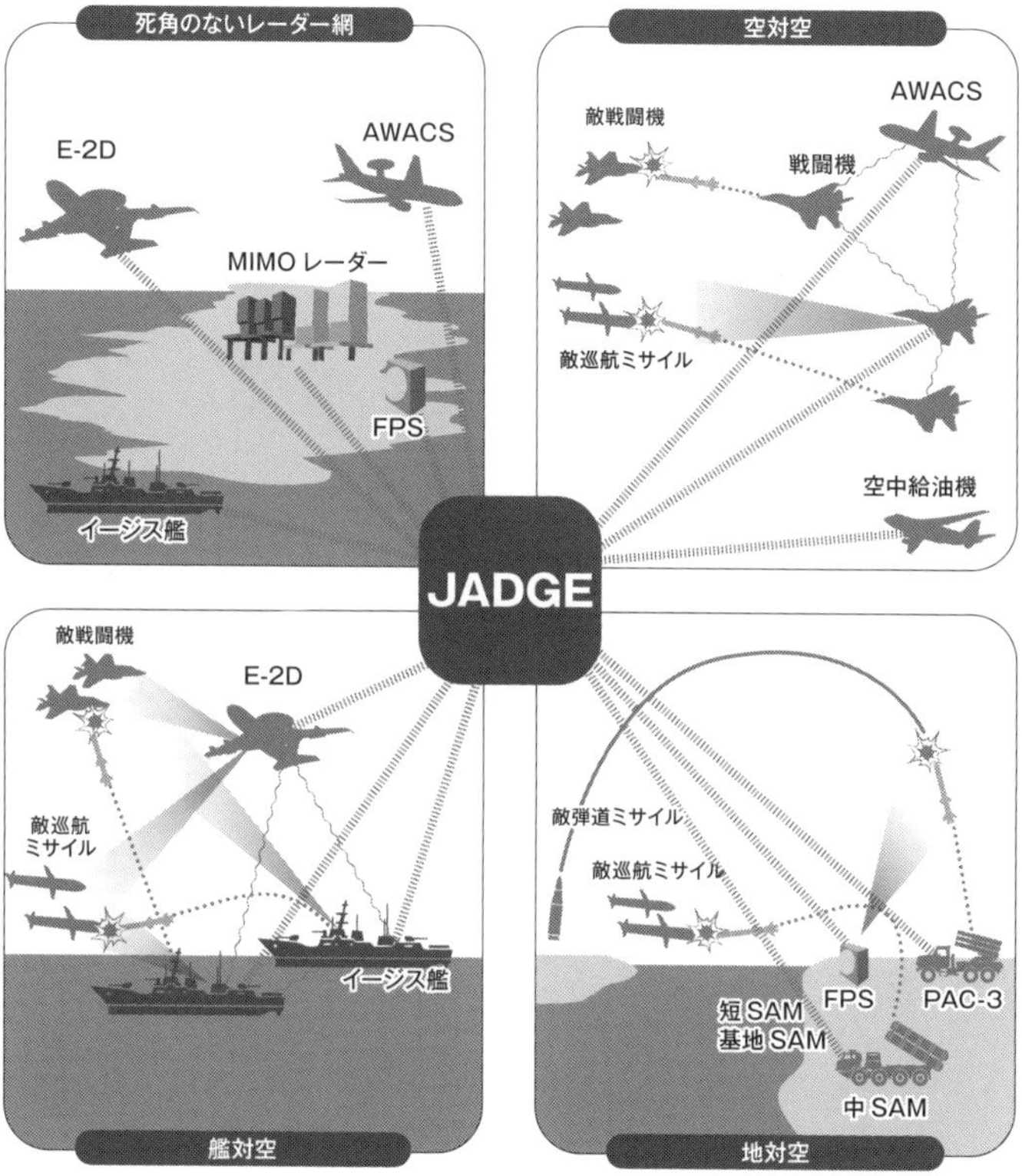

JADGEとは

全国各地のレーダーが捉えた航空機などの情報を一元的に処理し、対領空侵犯措置や防空戦闘に必要な指示を戦闘機などに提供。また、弾道ミサイル対処において、パトリオットやレーダーなどを統制し、指揮統制および通信機能の中核となるシステム。

『防衛白書』（2022年度版・防衛省）のデータを基に作成

日本のミサイル防衛の現在

弾道ミサイルを発射する方法は3種類あります。効率よく遠距離まで飛ばすミニマムエナジー軌道、低く飛ばすディプレスト軌道、そして高高度から標的エリアに急降下させるロフテッド軌道に分類されます。

電波は直進する性質を持っているので、レーダー波も地平線や水平線の下の標的までは捕捉できません。低高度を飛翔するディプレスト軌道だと、発射されてからしばらくはミサイルが地平線や水平線の向こうに姿を隠した状態になるため、探知が遅くなってしまいます。

逆に高高度のロフテッド軌道の場合、存在を察知して落下コースが計算できても落下速度が上昇しますから、迎撃可能な範囲が狭くなります。ミニマムエナジー軌道は最も基本的な軌道ですが、これら3種の撃ち方が組み合わさることでディフェンスが難しくなっていくのです。

しかも、ミサイルそのものも厄介な進化を遂げています。その一番典型的な例が、マッハ5を超える極超音速兵器です。これは弾道ミサイルの一種で、空気抵抗を使って軌道を変えることが可能です。対するミサイル防衛システムは、飛んでくるミサイルを追尾して撃破するのではなく、距離と速度から未来位置を予測して最短距離を選んでインターセプターとなる迎撃ミサイルを飛翔させ、命中させます。ところが標的が空力機動で動いてしまうと、未来位置の予測が外れていくので、命中率が下がってしまいます。実に厄介です。

ここで日本のミサイル防衛の考え方を整理してみましょう。上層防衛であるイージスBMDブロックⅠAならびにⅡAと下層防衛のPAC－3です。

上層防衛は高高度で守るので、その分広範囲を守ることができます。ブロックⅠAなら3隻のイージス艦で沖縄を含めた日本全体を守ることが可能で、これがⅡAになると2隻で日本全体を守ることができます。一方のPAC－3は射程がそれほど長くなく、日本全体を守ろうとするといくらあっても足りません。

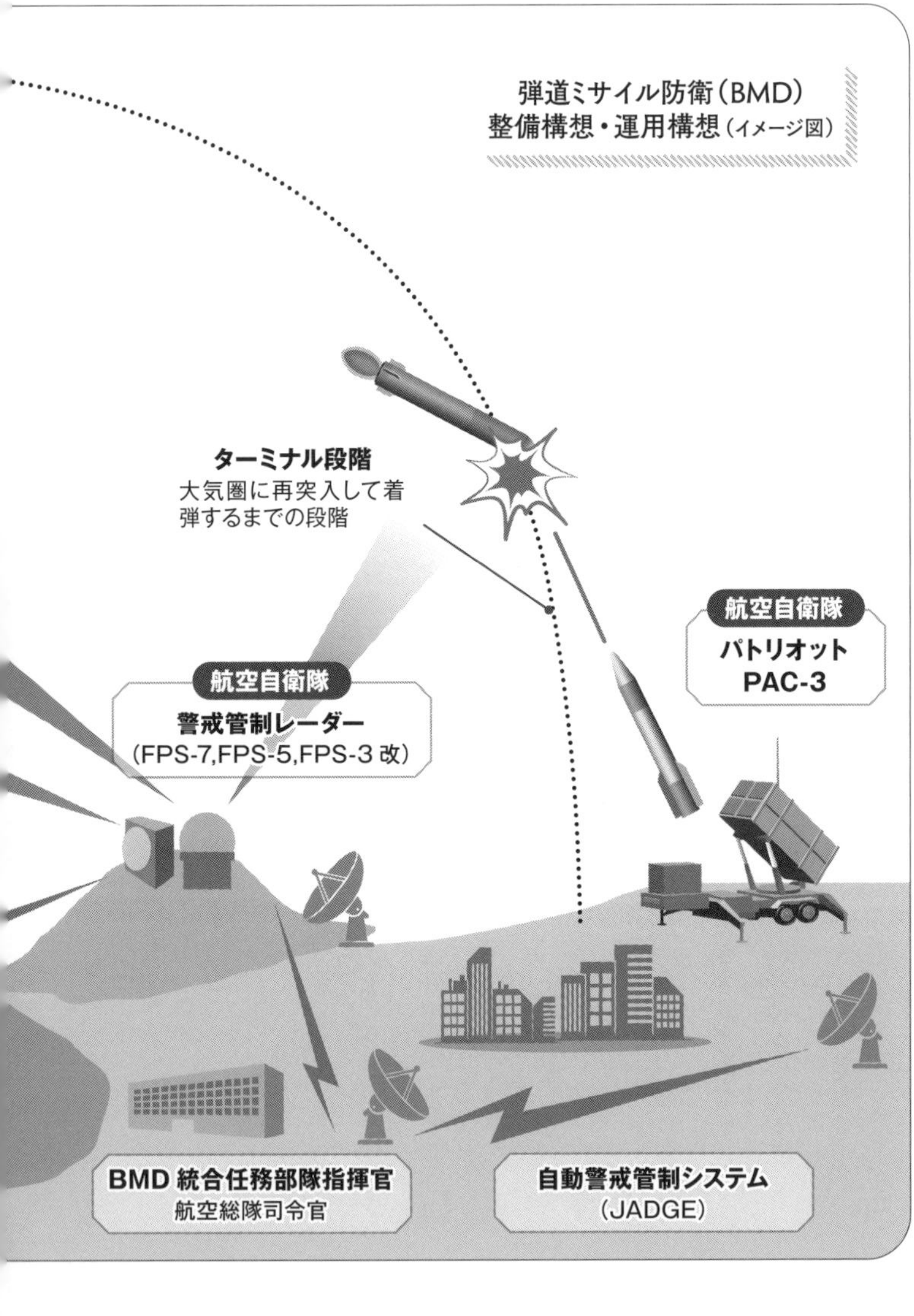
弾道ミサイル防衛（BMD）
整備構想・運用構想（イメージ図）
ターミナル段階
大気圏に再突入して着
弾するまでの段階
航空自衛隊
パトリオット
PAC-3
航空自衛隊
警戒管制レーダー
（FPS-7,FPS-5,FPS-3改）
BMD統合任務部隊指揮官
航空総隊司令官
自動警戒管制システム
（JADGE）

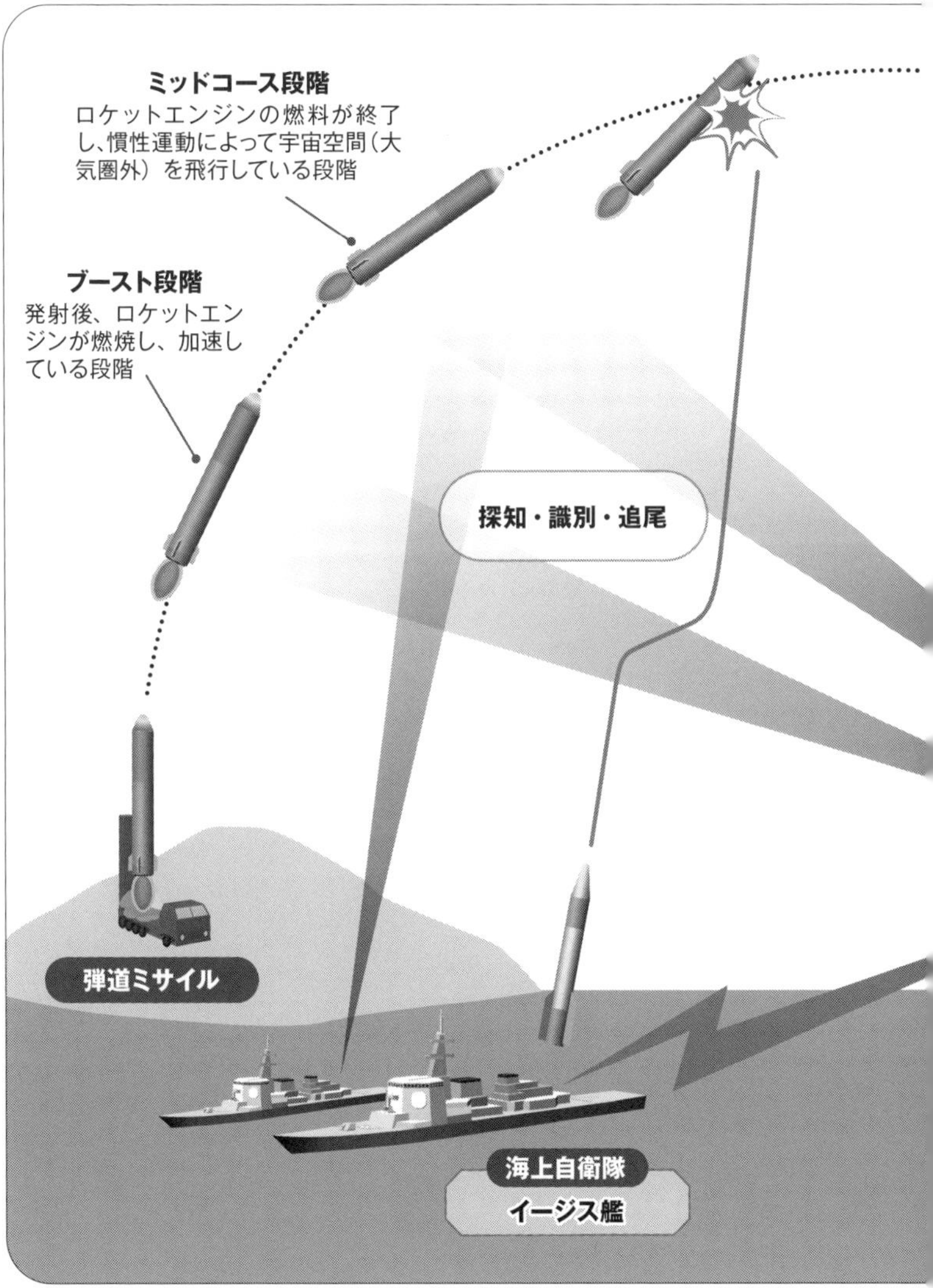

「防衛白書」（2022年度版・防衛省）のデータを基に作成

発射されたミサイルはイージス艦の防衛システムで撃ち落とし、撃ち漏らしが危険なところに落ちてきたらPAC－3で落とすというのが基本的な考え方ですが、極超音速兵器はイージスBMDのブロックⅡAよりも下層を飛んでくるので、広い範囲をイージス艦で守るという前提があてはまりません。そういう意味で上層防衛、下層防衛という考え方を見直さなければならない時期にさしかかっているとも言えます。

紆余曲折を辿ったイージス・アショア

ミサイル防衛の観点からすると、イージス・アショアの導入をめぐる議論を記憶している人も多いでしょう。

2012年から翌13年にかけて約半年にわたって北朝鮮のミサイル危機が続いた時期、海上自衛隊はイージス艦を日本海に展開させ続ける必要に迫られました。それまでのミサイル危機はそれほど長くは続きませんでしたが、これだけ長く続くとローテーションが大変厳しくなりました。

そこでイージス艦に依存せず地上に配置可能なシステムの導入が検討されました。それが、まさに「地上用イージスBMDシステム」を意味するイージス・アショアです。

ただし様々な経緯があって地上への配備はやめることになり、イージスシステム搭載艦2隻が建造されることになりました。結果的に陸上迎撃案が却下され、海上迎撃システムを厚くした形です。

運用コストも人的負担も、イージス・アショアのほうが圧倒的に軽く済みます。しかし地対空の邀撃では仮に敵ミサイルを破壊できても破片が地上、特に市街地に落下してくるというリスクもあるため、その点でイージス搭載艦のほうが好ましいという判断に最終的に至ったということです。

知って
おくべき!

航空自衛隊が「航空宇宙自衛隊」に改称 宇宙空間でどんな活動をする?

2022年12月に発表された戦略3文書の中に、**航空自衛隊という名称が将来「航空宇宙自衛隊」に改称される**ことが明記されました。とはいえ、宇宙空間に基地を造って部隊を駐屯させるわけではありません。**宇宙領域把握（SDA）**の役割が大きくなっていくというので、名称にも反映させていくということです。

宇宙領域把握とは、具体的には、そこに飛んでいる物体の正体を特定し、追跡するというものです。これはデブリなのか、どこかの国の衛星なのか。それをつまびらかにします。

アメリカではすでに全体のデータベースを作成しており、これはロシアが何年に打ち上げた衛星だ、あれはインドが何年に打ち上げた衛星だという具合に、

安全保障分野における宇宙利用のイメージ

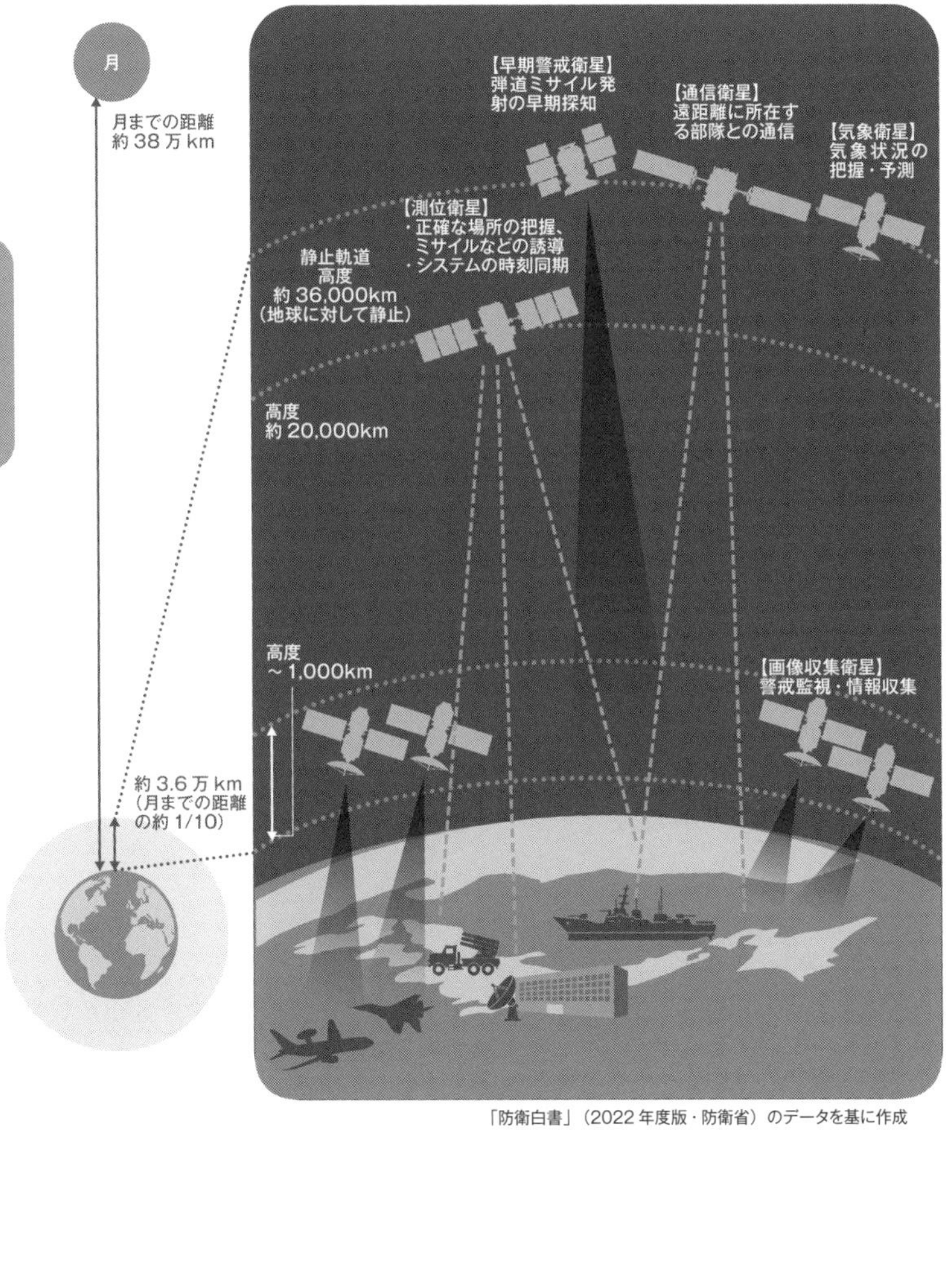

「防衛白書」（2022 年度版・防衛省）のデータを基に作成

宇宙領域把握（SDA）体制構築に向けた取り組み

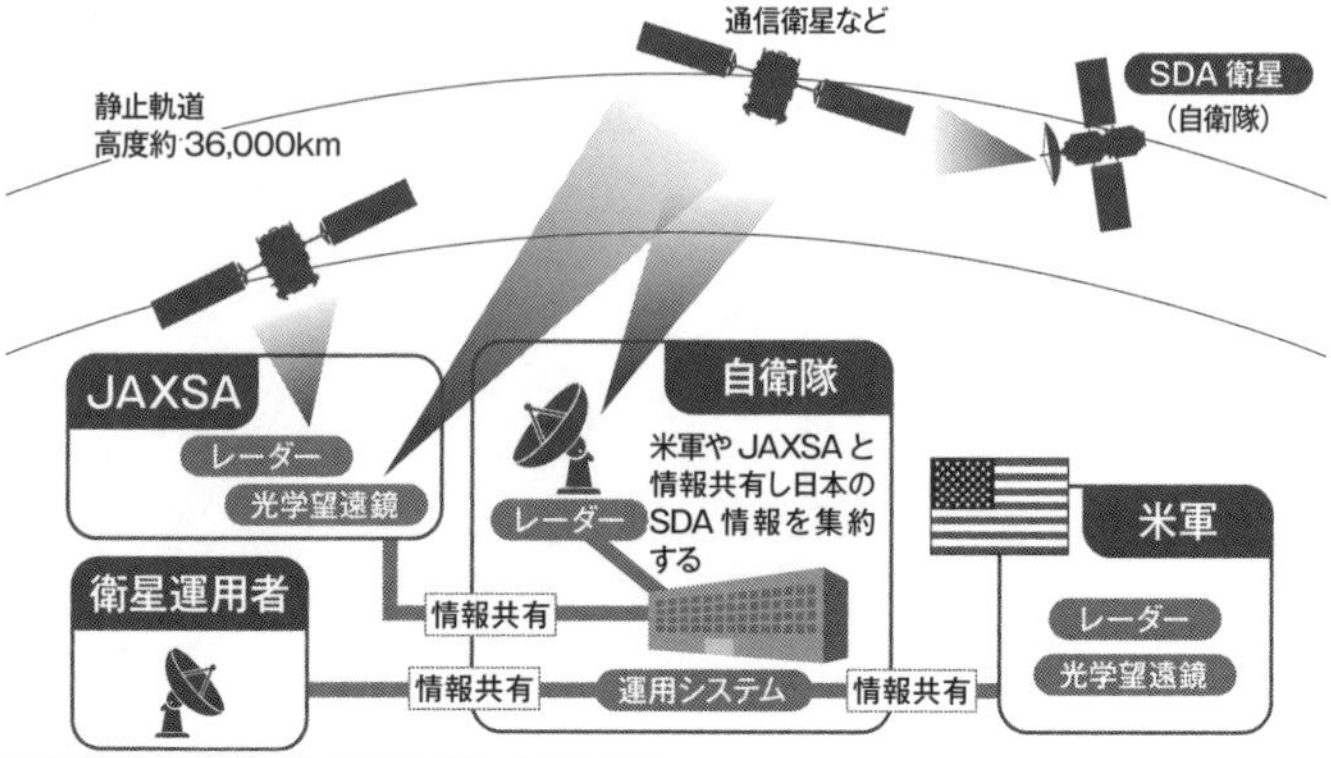

「防衛白書」（2022年度版・防衛省）のデータを基に作成

軌道上の数万の浮遊物のデータを世界中に公開しています。そのようなかたちで得られたデータを元に、仮にＩＳＳ国際宇宙ステーションに何かが近づけば、それを警告して回避できるようにしています。

軌道上の物体を把握するには、ロケットが打ち上げられた段階から追跡監視する必要がありますし、あるいは光学望遠鏡で観察して、それぞれの衛星の機能を特定していきます。

２０２３年５月に北朝鮮が衛星の打ち上げに失敗していますが、打ち上がった瞬間からずっと追跡していて、本来の軌道に入りませんでした、という結論を得ています。もし打ち上げに成功していたら、その時点で符号がつけられて、「北朝鮮が2023年5月31日に上げた衛星」として、その後もずっと把握され続けることになります。

さらに日本では、静止軌道にSDAのための衛星を上げる独自の計画があります。これはアメリカも上げていない衛星なので、日本に対して非常に大きな期待が寄せられています。

現実には、H3ロケットの打ち上げ失敗でスケジュールが大幅に狂ってしまったので、いつ実現するかはまだ未定です。いわゆる西側同盟国の中で独自の衛星打ち上げ能力を持っているのはアメリカと日本とフランスだけなので、打ち上げの成功が待たれます。

知って
おくべき!

新人確保と除隊後の人生設計 自衛隊が抱える課題

自衛隊員の充足率は、歴史的に見て、失業率との連動が高いといわれています。不況で失業率が高いときは応募が集まり、好景気で失業率が低いときは集まりません。この相関関係は、はっきりしています。

それでも、東日本大震災後に自衛隊の社会的評価が高まった際には、応募者数が再び増加するのではという期待がありました。しかしその思惑は、見事に外れました。

自衛隊は基本的に国民の生命財産を守るために働きます。そして、これと同じ性質を持った職業がほかにもありました。これから進路選択をする学生たちは、陸海空自衛隊と並んで、警察や消防を進路候補として検討するのです。

すると、自衛隊の求人面での不利な部分が浮き彫りになります。警察や消防は、異動があってもその範囲は基本的にその県内に限定されます。しかし国家公務員である自衛隊員の場合、異動先は全国規模です。これが敬遠されたのではないかと考えられています。

将来を見据えたときも、不確実性がつきまといます。幹部候補生であれば、防衛大学校を卒業して三尉、海外の軍隊でいう少尉に任官されて任務に就き、昇進を重ねながら定年まで自衛官として働くこととなります。しかし一般隊員は2年の任期制で入隊し、任期満了で除隊する者と、下士官である曹の階級になって自衛隊に残る者に別れます。特殊技能も身につくため除隊後の再就職状況は悪くないのですが、わずか2年で人生を再設計することになるのは、印象がいいとは言えません。また、曹になって自衛隊に残った隊員も定年が一般企業よりも早く、人生設計に不安が残ります。国家公務員の立場で別の職種より突出した給料を出すわけにもいかないという組織側のジレンマもあり、いい解決策は見いだされていません。国家の安全安心の礎となる隊員たちのキャリアデザインについても、考えなければならないのです。

知って
おくべき!

防衛産業は長いトンネルを抜けて成長することができるのか?

今、日本の防衛産業は転機を迎えています。

ここで「転機」というのは、2つの理由があります。その1つ目が、防衛産業から撤退する中小企業が増えつつあるということ。そしてもう1つは、防衛装備の移転。要するに武器輸出が緩和されているということです。後者は防衛産業からすればいいニュースのはずですが、ではなぜそこで撤退が起こっているのか、という疑問が湧きます。それを考えたときに行き着く答えが、日本の防衛産業の特殊性です。

防衛費5兆円の時代は、人件費がおよそ4割で2兆円。残りの3兆円にプラスαの補正予算がついて、3兆5000億円くらいが何らかのかたちで防衛産業のどこかに流れることになります。つまり、日本の防衛産業は3兆円規模の単一顧客のマーケットに対して最適化してきたと言えます。

同様に自衛隊も、3兆円を支える防衛産業に対して最適化してきたと言えます。いわゆる相互最適化という図式です。ですから、ほかの製造業のように、「国内マーケットだけでは足りないから海外マーケットを切り開こう」ということにはならなかったのです。元々武器輸出には厳しい規制があって不可能だったというのが最大の理由ではありますが、それが長期にわたって続く間に「3兆円の中でやればいい」という状況になってきたわけです。

加えて、日本の防衛産業に関わる大手企業の多くは、防衛需要への依存が極めて低い水準です。数パーセントか、せいぜい10％程度です。

海外に目を向けると、ボーイング社はそれなりの数の民間機を製造しているので50％くらいの依存になりますが、ロッキードマーチン社あたりだと80〜90％を軍需に依存しており、日本の防衛産業と比較すると防衛需要も全然違うわけです。

ただし、依存率が低いから撤退、という簡単な話ではありません。主契約になるような大企業にとっては、防衛省は営業コストが小さい状態で企業全体の売り上げの数%が見込めてしまう超優良顧客とも言えるのです。企業にとっては撤退する理由はありません。

ただこうなると、新たなマーケットを開拓する理由もなくなってしまいます。売上の数%を確実に取れる状態ならば、リスクを抱えて海外に進出する必要はないのです。

輸出が緩和されて十数年が経ちます。しかし輸出が大きく増えているわけではないのは、こうした事情があるからです。

中小企業の防衛産業からの撤退と大手防衛産業の成長意欲の欠如。このままの状態が続けば、いずれ防衛産業は衰退し、それだけ陸海空自衛隊は海外への依存度を高めざるを得なくなります。なかには中小企業にしか持ちえなかった特殊技術が失われるケースもあるかもしれません。

この2つの問題をどう立て直していくのか、かなり根本的な取り組みが必要になります。また、DXの時代になってデジタル化に旧来の重厚長大型の防衛産業がちゃんとついていけるか、というのも重要な部分です。

43兆円まで防衛費が増えていくことで、防衛産業に新規参入があるかもしれません。そこで業界全体が再び活性化することを期待したいところですが、逆に新規参入企業と古参企業の関係が問題になるかもしれません。

民間企業の経済活動に過剰な干渉はできませんが、わが国の防衛力の土台を形作る企業には、新旧問わず、ぜひともアクティブであり続けてもらいたいと思います。

あとがき

今この瞬間も、ウクライナでは激しい戦闘が続いています。戦争がいかに大きな惨禍をもたらすか、世界はそれをあらためて目撃しています。

しかし、これは他人事ではありません。繰り返しになりますが、日本はとても厳しい安全保障環境におかれているからです。ただ、日本はそれを無為に甘んじて受け入れようとしているわけではありません。防衛費を大幅に増額し、自衛隊を強化し、米国との協力も進めていくことで、抑止力を高め、厳しい安全保障環境が戦争に進んでしまうのを防ごうとしています。戦争は天災と違って、人間が引き起こすものです。だとすれば、人間の手で防ぐこともできるはずだからです。

日本では時として、「軍事よりも外交を重視すべき」と言われることがあります。しかし、軍事にできて外交にはできないことがありますし、逆に外交にできて軍事にはできないこともあります。防衛力は、外交や経済と並ぶ、戦争を防ぐための手段のひとつなのです。必要なのは、それぞれの手段の効果と限界とを理解した上で、最適なかたちで組み合わせていくことなのです。そのためには、現在の自衛隊の実像を正しく理解することが不可欠です。日本国民にとって、今ほど防衛問題に関する知識が必要とされていることはありません。

　そこで本書では、今日本がおかれている環境と、それがより悪くなることを防ぐために進められている自衛隊の努力について、できるだけわかりやすく説明することを試みました。私は安全保障の専門家ですが、専門家というのはわかりやすく話すことがあまり得意ではありません。それでもオフィス上海亭の井上岳則さん、プランリンクの近江聖香さん、辰巳出版の廣瀬祐志さんのお力でなんとかここまでこぎ着けることができました。3人のご尽力には、ただただ感謝の言葉しかありません。

　この本を読み終わった読者の方々は、防衛問題に関しては標準以上の知識を身につけていただけたと思います。その上で、これからの日本は自らの安全のために何をすべきなのか、それは読者ご自身に考えていただきたいと思います。我々の住む日本は民主主義国家です。民主主義国家においては、国民一人一人が将来を論じ、そして進むべき道を選ぶことができるのですから。

高橋杉雄

高橋杉雄
たかはし　すぎお

防衛省のシンクタンクである防衛研究所防衛政策研究室長。早稲田大学大学院政治学研究科修士課程修了。専門は国際安全保障、現代軍事戦略論、核抑止論、日米関係論。日本の防衛政策を中心に研究・発信する、我が国きっての第一人者。ウクライナ戦争勃発以降、テレビをはじめとした様々なメディアで日々解説を行っている。プライベートでは熱心なサッカーファンとしても知られ、日本代表と川崎フロンターレの20数年来のサポーターでもある。また、大のスイーツ好きという顔も持ち、自家製ジャムを作ったり、スイーツ写真をTwitterに投稿したりといった一面も。

編集・デザイン　近江聖香（Plan Link）
カバーデザイン　櫻田涉
執筆協力　井上岳則（オフィス上海亭）
企画・構成　廣瀬祐志

日本人が知っておくべき自衛隊と国防のこと

2023年7月25日　初版第1刷発行
2023年8月10日　初版第2刷発行

著者　高橋杉雄
発行人　廣瀬和二
発行所　辰巳出版株式会社
〒113-0033 東京都文京区本郷1丁目33番13号 春日町ビル5F
TEL 03-5931-5920（代表）
FAX 03-6386-3087（販売部）
URL http://www.TG-NET.co.jp/

印刷・製本　中央精版印刷株式会社

本書の内容に関するお問い合わせは、
お問い合わせフォーム (info@TG-NET.co.jp) にて承ります。
電話によるご連絡はお受けしておりません。

定価はカバーに表示してあります。

万一にも落丁、乱丁のある場合は、送料小社負担にてお取り替えいたします。
小社販売部までご連絡下さい。

本書の一部、または全部を無断で複写、複製する事は、
著作権法上での例外を除き、著作者、出版社の権利侵害となります。

© SUGIO TAKAHASHI, TATSUMI PUBLISHING CO.,LTD. 2023
Printed in Japan
ISBN978-4-7778-3052-7